教育部人文社科基金项目（14YJA630052）资助

双方道德风险理论及应用

孙树垒　著

东南大学出版社

·南京·

内 容 简 介

本书针对社会经济中普遍存在的双方道德风险问题,分析其本质与诱因,基于一个统一的委托代理理论分析框架,从协作方式与风险态度两个方面进行理论分析,揭示双方道德风险最优线性契约的特点、均衡行为规律及双方效用水平,对特许经营与食品安全领域的双方道德风险问题进行应用分析,提出解决和降低特定问题中双方道德风险行为的政策措施。

本书可作为管理与经济专业研究生的教科书或参考书,亦可作为各类组织管理者及对管理理论、激励理论、机制设计等感兴趣的读者的工具书。

图书在版编目(CIP)数据

双方道德风险理论及应用 / 孙树垒著. — 南京 :
东南大学出版社,2019.1

ISBN 978 - 7 - 5641 - 8233 - 5

Ⅰ.①双… Ⅱ.①孙… Ⅲ.①经济伦理学
Ⅳ.①B82 - 053

中国版本图书馆 CIP 数据核字(2018)第 302903 号

双方道德风险理论及应用

著　　者	孙树垒
责任编辑	宋华莉
编辑邮箱	52145104@qq.com
出版发行	东南大学出版社
出 版 人	江建中
社　　址	南京市四牌楼 2 号(邮编:210096)
网　　址	http://www.seupress.com
印　　刷	江苏凤凰数码印务有限公司
开　　本	700 mm×1 000 mm　1/16
印　　张	7.5
字　　数	120 千字
版 印 次	2019 年 1 月第 1 版　2019 年 1 月第 1 次印刷
书　　号	ISBN 978 - 7 - 5641 - 8233 - 5
定　　价	36.00 元
经　　销	全国各地新华书店
发行热线	025 - 83790519　83791830

(本社图书若有印装质量问题,请直接与营销部联系,电话:025 - 83791830)

序

　　每个组织都面临着为组织成员的行为提供激励的问题。管理学以"社会人"为前提，揭示人的不同需求与动机，寻找激励因素，探索激励过程，在经验总结和科学归纳的基础上形成了管理激励理论；经济学以"经济人"为前提，寻求最优机制与契约安排，揭示均衡特点，探讨激励结果，在逻辑推理和数学模型基础上形成了经济激励理论。两种理论各有所长，相互补充，共同推动着组织激励实践的创新与发展。

　　经济激励理论表明，市场参与者之间的信息分布对市场效率有着深远而惊人的影响，甚至可能造成市场失灵现象。而由信息不对称导致的道德风险问题是一类经典的激励问题，得到广泛而深入的研究；但是因双方信息不对称导致的双方道德风险激励问题，其理论研究有待深入，其应用分析有待拓展。

　　本书作者对双方道德风险问题进行了长时间的考察与研究，对双方道德风险的理论建模与实践应用有较深入的理解。本书基于经济激励理论中的委托代理理论，从分析双方道德风险问题的本质与诱因入手，通过一个一般化的委托代理分析框架，针对委托人与代理人不同的合作方式，以及双方风险态度等问题进行深入分析，并对特许经营与食品安全两个特定行业领域的双方道德风险问题进行应用研究，取得了一系列研究成果。该书是一本较系统地探讨双方道德风险问题的专著，无论是对于双方信息不对称下激励理论的完善，还是对企业与行业等组织设计恰当的激励机制以提升效率，都具有重要的理论与借鉴价值。

韩永奎

2018年9月

前　言

信息不对称在社会经济中广泛存在，信息不对称通常会导致两类经典问题——逆向选择与道德风险。其中，道德风险是因参与人在签约之后存在的信息不对称所导致，此时，委托人与代理人在实施哪一种行动上面临着矛盾与冲突，委托人的问题是设计一个激励合同以诱使代理人从自身利益出发选择对委托人最有利的行动。因此，要激励厌恶风险的代理人努力工作就要让他承担一定的风险，而委托人需要在风险成本和对代理人的激励间做出权衡，以使由激励带来的产出大于补偿代理人的风险成本。经过几十年的发展，道德风险的很多结论得到了验证。但是随着对各种现实问题的考察与探讨，学者们注意到，当两个参与人双方都具有私人信息时，面临着双方信息不对称，于是诱发所谓的双方道德风险问题，双方的机会主义行为倾向使得双方陷入尴尬的"囚徒困境"。如何通过恰当的契约设计，实现可行的激励与约束，规避双方的机会主义行为，摆脱"囚徒困境"，成为近年来在理论与实践中备受关注的一个热点问题。

本书针对双方道德风险问题，在现有研究基础上，结合博弈论与信息经济学，应用委托代理理论，探讨双方道德风险的激励机制。本书是笔者前期研究成果的归纳与总结，是过去十多年来对双方道德风险问题的探索与思考，虽然在内容的深度与全面性方面依然存在不足，但是希望借此书能够抛砖引玉，引发读者的一些新的思考，共同推进组织激励理论与实践的创新与发展。

全书共七章。其中，第一章为引言，首先通过几个具体的行业领域介绍道德风险与双方道德风险问题，然后对国内外的相关研究进行概述总结，最后给出本书的内容结构安排。第二章是对双方道德风险问题的定性分析，首先剖析双方道德风险问题的博弈本质，然后指出双方道德风险的产生条件，最后给出一个全书统一的双方道德风险模型，作为一般化的分析框架。第三章探讨不同协作方式下的双方道德风险问题，首先介绍双方协作的生产技术，即生产函数，然后以此为基础，分别探讨线性生产函数与Cobb-Douglas 生产函数下的双方道德风险问题的最优分成契约、均衡行为特点及双方的效用水平，并与完全信息、单方不对称信息的情形进行对比分析，最后分析了合作博弈与非合作博弈两种情形下的双方道德风险问题，并进行了对比分析。第四章探讨风险规避对双方道德风险问题带来的影响，首先介绍决策者的风险态度及其度量，然后分析双方面临不确定性下的双方道德风险问题，最后将委托人与代理人限定于风险规避情形下，使用仿真分析的方法研究最优契约、均衡行为及双方效用水平呈现出来的特点与规律。第五章探讨特许经营行业领域内的双方道德风险问题，首先介绍我国特许经营的发展现状，然后给出一个基本的特许经营双方道德风险模型及其结果，最后通过实证分析，对结果进行验证。第六章探讨食品安全领域的道德风险与双方道德风险问题，首先介绍食品安全领域普遍存在的道德风险及双方道德风险问题，然后结合我国目前正在推行的食品安全责任保险，建模分析机构市场中的道德风险问题，最后对食品供应链中的双方道德风险问题开展研究，指出借助于食品安全责任保险，可以实现帕累托最优的食品安全控制水平。第七章对全书内容进行了回顾与总结。

　　本书具有明显的探索与探讨性，对理论与应用问题的分析都有待深入，加之笔者学识与能力有限，书中不当与纰漏之处在所难免，恳请各位专家、同仁和读者不吝赐教并批评指正。

著　者

2018年9月于南京财经大学

目　录

第一章　引言

第一节　问题背景

道德风险是人们经常谈论的一个话题，同时也是政治、经济、社会管理悬而未决的一个难题。道德风险(moral hazard) 这一概念最早来自保险领域，是指"从事经济活动的人在最大限度地增进自身效用的同时做出不利于他人的行动"[1]。或者说是，当签约一方不完全承担风险后果时所采取的自身效用最大化的自私行为。国际货币基金组织在《银行稳健经营与宏观经济政策》中提到：道德风险是指如果人们不再为自己的行为承担全部后果时就会变得不太谨慎的行为倾向[2]。道德风险问题普遍存在于我们的社会经济中，并对经济的运行和社会的发展带来深远而重大的影响。

一、单方道德风险问题

我们先通过几个领域了解具体的道德风险问题。

(一) 道德风险与金融危机

自20世纪90年代以来，美国证券市场作假舞弊案件频繁和亚洲金融危机的发生，引起全球对金融道德风险的关注。2008年美国金融危机的发生再次使金融道德风险成为学界热点，众多研究认为金融道德风险是造成此次全球金融危机的根本原因。

回顾一下当时的次贷丑闻(subprime scandal)[3]：银行发放抵押贷款的传统方法是自己持有债权，如果抵押贷款者因无力还款而违约，银行会遭受损失。因此，银行有动力去仔细地审核每一位抵押贷款者的还款能力，而信用程度差或收入不高的次级抵押贷款者很难从银行获得贷款。然而，如果银行发行抵押贷款并非自己持有债权，而是为了转卖给第三方(典型的做法是证券化)，那么仔细审核抵押贷款申请者的动力就会明显减弱。事实上，银行不再关注贷款者是否会违约，而仅关注证券化次级抵押贷款并加以转卖过程中获得的收益。发行贷款的银行现在愿意向任何人发放贷款，因为它不再承担贷款者的违约风险。

这一过程中存在两类道德风险问题。一是发行银行向客户销售抵押贷款，本应该考虑到客户的自身利益，而现在却以自己的利益为先，甚至向不需要或不应该购买抵押贷款的客户销售贷款，对别人的利益负责，却以自己利益为先，是一类典型的道德风险问题；二是发行银行从发放抵押贷款中获得收益，却不再承担客户的违约风险，这一风险通过抵押贷款的证券化转移给了根本不了解抵押贷款客户信用或收入情况的其他机构，发行银行肆意发放贷款获取收益，却不承担扩大的贷款违约风险，这是另一类道德风险问题。

随着房价的上升，次级债如同泡沫般被越吹越大，然而随着利率上升和房价的下降，抵押贷款违约大面积发生，受高收益吸引而大量持有次级债的机构遭受巨大损失，风险蔓延开来，最终导致了金融危机的产生。

(二) 道德风险与公司治理

公司制作为现代企业组织的主要形式，所有权与经营权相分离是其重要特征。委托代理理论是现代公司治理的逻辑起点，现代企业制度是一种典型的委托代理关系——股东拥有企业，选举产生董事会，董事会选择并任命公司管理者(公司高管)。也就是，股东是企业所有者，委托公司高管管理经营企业，公司高管是代理者，拥有公司重要的日常经营决策权，如公司采购、生产、销售、研发、资金管理以及资产处置等，而所有者作为剩余索取者，需要承担高管经营决策的一切后果。由此可见，在现代企业制度中，天然地存在道德风险的土壤。

通常，公司高管作为代理人，出于私欲或机会主义动机，利用自身所拥有的信息优势采取委托人所无法观测或监督的隐避性行为或不作为，实施权力寻租，在最大限度地增进自身效用时做出不利于委托人和其他利益相关者利益的行为，形成了代理人道德风险问题。Gibbons和Murphy研究发现，最优的激励合约包括来自职业关注的隐性激励(如声誉的价值)和来自报酬合约的显性激励(如年薪、股票期权等)两个方面[4]。现代的公司治理就在于通过良好的激励机制设计，促进高管个人目标与企业目标的一致性，激励并强化高管做出符合组织期望的行为。

代理人道德风险问题在转轨经济中甚至演变为所谓的"内部人控制"问题。内部人控制是指经理人员事实上或依法掌握了控制权，他们的利益在公司战略决策中得到了充分的体现[5]。内部人控制使企业所有者的利益不同程度地遭到内部人的侵害，企业的绩效不佳，容易激起人们对分配问题的不满，企业以及社会的效率性和经济性受到了损害。从2008年11月至2011年3月的"国美控股权之争"事件被认为是一起内部人控制问题的典型案例[6]。

(三) 道德风险与食品安全

近年来，食品安全事件频发，三聚氰胺奶粉、甲醛奶糖、"地沟油"菜肴、"染色馒头"、"苏丹红"鸭蛋、"孔雀石绿"鱼虾、"瘦肉精"猪肉、"墨汁石蜡"红薯粉，以及其他一些食品安全事件，令人触目惊心。金融道德风险或公司中的代理人道德风险更多的是经济问题，然而在食品安全领域，由于食品质量与食品安全直接与人的健康及生命相关，道德风险问题往往会涉及社会伦理与道德规范。纵观当前的食品行业，道德伦理问题已处于危险境地。

在2008年的三鹿奶粉事件中，道德风险问题体现为三鹿集团只顾一己私利，置饮用奶粉的孩子的安危于不顾，在市场信息不对称的情况下，在消费者不知情的情况下，以次充好低价出售劣质奶粉，只为自己换取更多盈利，却严重损害了消费者的利益。当企业将应当承担的社会责任弃之不顾的时候，潜在的道德风险演变为真实的败德行为。

《人民日报》对于食品安全有深刻的评论：许多食品安全事件的发生，或是因为制度的不健全不完善，或是因为执法者的失守推诿，或是由于问责的过于温柔。近年来，恶性食品安全事件此起彼伏，但倾家荡产的商家却十分罕见，监管渎职者被严肃问责的也少之又少。既然总是打不疼、打不死，既然笃定的收益远远大于预想的风险，劣币驱逐良币的逆淘汰现象就会发生，不闯红灯就会落后的"红灯效应"就会被放大，避免食品生产企业的"道德风险"也就无从谈起。

我们从金融危机、公司治理和食品安全三个领域介绍经典的道德风险问题，实际上，这些道德风险问题都是单方道德风险问题，即一方对另一方具有的道德风险。然而，在现实世界中，往往存在这样的特殊情况，在甲方对乙方具有道德风险的同时，乙方也对甲方产生道德风险，我们称这种特殊情形为双方道德风险问题(Double Moral Hazard)，亦称为双边、双重或双向道德风险问题。

二、双方道德风险问题

双方道德风险通常发生在双方共同参与某项经济活动的过程中。双方的付出影响到共同的产出，如果存在双方的信息不对称现象，双方出于追求自身利益最大化的目的，对产出的付出会减少，从而产生所谓的双方道德风险问题。我们同样通过几个具体的领域来介绍双方道德风险问题。

(一) 风险投资与双方道德风险

创业者初创企业，虽然拥有好的想法、创新技术或创新精神，但是往往缺乏资金，于是向风险投资家(Venture Capitalist, VC, 亦称风险资本家)融资。风险投资家不仅投入资金支持企业，而且提供人力资源的政策指导、理顺管理团队、帮助企业获得各种商业资源、支持企业产品进入市场等方面的智力支持。因此，初创企业的成功离不开创业者和风险投资家共同的付出和努力。

但是，在企业运营过程中，创业者比风险投资家更熟悉企业的业务情况，双方存在严重的信息不对称，创业者往往会有意夸大企业的优势而掩盖潜在的问题，从而对风险投资家的决策造成不利影响。在企业经营过程中，创业者在吸收融资的同时，失去了企业完整的控制权和全部剩余的索取权，存在机会主义行为，试图通过损害风险投资家的利益来实现自己的利益，产生创业者道德风险问题。

风险投资的目的不是取得风险企业的经营权和控制权，而是期望经过一段时间的有效运作，企业发展壮大实现增值后，通过股份转让或IPO等退出企业并获得高额回报。风险投资家作为投资人，不仅为风险企业提供资金支持，而且为企业提供管理支持，后者对于风险企业的生存发展具有重要影响。但是风险投资家对于风险企业的管理支持是有成本的，这些成本有时数额巨大，而且双方的风险投资契约中往往得不到补偿。在存在信息不对称和不确定性因素的情况下，风险投资家为了节约成本，增加自身收益，置企业长远利益于不顾，在风险投资过程中也会产生机会主义行为，产生风险投资家的道德风险问题。

(二) 服务外包与双方道德风险

随着社会化分工的深入和现代服务业的发展，服务外包成为企业降低成本、提升核心竞争力的重要战略选择之一。越来越多的企业将诸如研发、物流、人力资源管理等非核心业务外包给专业服务商，以利用服务商的专业优势带来的成本节约，获取更大收益。据商务部统计，2017年我国共签订服务外包合同金额1 807.5亿美元，同比增长25.1%；完成服务外包执行金额1 261.4亿美元，同比增长18.5%。2017年信息技术外包(Information Technology Outsourcing, ITO)、业务流程外包(Business Process Outsourcing, BPO)、知识流程外包(Knowledge Process Outsourcing, KPO)业务执行额分别为618.5亿美元、235.7亿美元、407.2 亿美元[7]。

虽然服务外包生产是由专业服务商完成的，但是要想获得良好的服务，离不开发包企业(称为客户企业)的深度参与，特别是在研发、咨询等知识型服务外包中，知识技术的创造和传递更加离不开客户的参与。Kelley等指出了发包方在参与服务外包生产中具有积极作用[8]，Hsieh等认为发包方的参与对接包方工作压力产生一定影响，指出发包方的参与有助于降低接包方的工作压力[9]。因此，从战略上讲客户企业与服务商是合作伙伴关系，从战术上讲客户企业与服务商是合作生产关系，外包服务项目最终执行结果受服务商和客户共同努力的影响。然而服务生产中双方的生产要素投入，特别是以知识、技术、人力资源为代表的知识性生产要素具有很强的无形性，导致要素的投入难以观测验证。双方各自生产要素的投入成为各自的私人信息，这种双方的信息不对称容易引发外包服务项目执行中生产要素投入的双方道德风险问题。

(三) 特许经营与双方道德风险

特许经营(franchise)的概念于20世纪初在美国出现，到50年代，美国以麦当劳为首的特许经营业开始走向正规并蓬勃发展，以后又传到欧洲，目前，特许经营已风靡国际。

特许经营原意指"给予特权"，但作为一种经营方式，名称有多种，定义亦有多种。具体来说，特许经营是指特许经营权拥有者以合同约定的形式，允许被特许经营者有偿使用其名称、商标、专有技术、产品及运作管理经验等从事经营活动的商业经营模式。按照国际特许经营协会(International Franchise Association, IFA)的定义，特许经营是特许人和受许人之间的契约关系，对受许人经营业务领域、经营诀窍和培训，特许人提供或有义务保持持续的兴趣；受许人的经营是在特许人所有和控制的共同标记、经营模式和过程之下进行的，并且受许人从自己的资源中对其业务进行投资[10]。特许经营也被称为加盟经营、连锁经营等。严格地说，特许经营和连锁经营还不完全相同。特许经营基本上指的是一个已经拥有成功业务模式和名誉的公司，将成功的营运方法总结之后，授权他人以他的名誉和方法从事同样的业务，以赚取盈利。加盟商为了取得这个权利，一般都得缴付一定数额的加盟费。和连锁店的根本不同是，连锁店可以以直营方式建立，总部对各个分店有绝对的拥有权，也就是说，各分店是总公司的一部分；而特许经营中的双方之间是一种合约关系。

在特许经营中，特许方在经营项目的商业价值、潜在风险等方面具有信息优势，而受许方直接负责加盟店的日常运营管理，更了解顾客需求的特点与规律，更了解加盟店的运营成本等信息，因此，特许经营中存在严重的双方信息不对称现象，每一方都可能利用其信息优势采取机会主义行为，如受许方故意歪曲特许方的经营目标来增进自己的利益，特许方信息披露不透明，故意夸大投资回报或不进行相关的风险提示等。特许经营通过契约纽带将特许人和受许人联系在一起，体现着特许双方共同的利益关系，任何一方的不道德行为都会引起组织内的矛盾和冲突，给整个特许体系带来负面影响。

道德风险问题在我们经济社会中广泛存在。道德风险虽然不能完全消除，但是必须控制在合理适度的范围内，才能促进社会经济的健康发展。双方道德风险大量出现在双方合作或协作进行某项经济活动的过程中，如何有效地减少、防范和规避双方机会主义行为的发生，是维系健康和谐的协作关系并实现互利共赢健康发展的关键。本书就是围绕双方道德风险问题，从理论到实际应用展开分析讨论。

第二节 研究现状

当双方共同创造某种价值时，如果每一方的工作表现与不可观察的环境变量共同决定了产出水平，那么每一方的努力程度都不能被准确地观察到，存在着双方信息不对称现象。无论双方之间存在显式合同还是隐式契约，由于这种双方信息不对称的信息结构，每一方都具有不努力工作而偷懒的倾向，于是产生隐藏行动的双方道德风险问题。目前，双方道德风险问题得到学者的极大关注，得到广泛而深入的研究。

一、国外相关研究

在国外研究文献中，双方道德风险被广泛用于解释各种各样的制度安排问题。

在技术转移方面：Arrow在分析技术转移问题时首次提出了双方道德风险问题[11]。Choi通过一个包含双方道德风险的技术转移模型指出最优产出不可实施，次优合同涉及双方进行技术转移的专门投资[12]。Mendi分析了西班牙企业的技术转移合同，发现技术类型影响双方达成协议的可能性，仅依靠道德风险或风险规避理论不能很好地解释所观察到的支付情况[13]。

在佃农耕种方面：针对早期文献往往忽视委托方的道德风险，Reid指出在佃农耕种方面存在双方道德风险问题[14,15]。Eswaran和Kotwal首次建立了有关佃农耕种的双方道德风险模型[16]。Agrawal在农业生产领域建立了一般化的具有双方道德风险的合约选择模型，委托人与代理人可以相互监督，他们分别具有不同的生产技术水平，而且是风险规避的[17,18]。Chang等通过一个双方道德风险模型分析了利润分享合约对生产率和雇佣效果的影响[19]。Corbett等研究了各种供应链环节中的双方道德风险问题[20]。

在特许经营方面：Rubin首次以双方道德风险解释特许经营问题[21]。特许经营的研究由Lal进行了规范化[22]。Brickley和Dark[23]、Norton[24]、Lafontaine[25]及Sen[26]从特许经营机制安排中证实了受许人存在的道德风险问题；Scott[27]、Lafontaine和Sen从特许经营机制安排中发现了特许人具有道德风险的证据。Brickley发现双方道德风险可以很好地解释美国各州特许合同立法的差异[28]。Bhattacharyya和Lafontaine进一步在理论分析中指出双方道德风险的最优合同涉及固定费用和特许权使用费[29]。Semenenko和Yoo研究发现在特许人和特许经营者皆为风险规避时，一维的绩效指标无法实现最优合约，最优合约需要两个以上的绩效指标[30]。

在产品质量保证方面：Cooper和Ross将产品质量保证作为激励合同并进行了研究，认为具有质量保证的耐用品使用效果由企业与消费者双方的行动共同决定[31]。Emons研究了竞争性市场中存在双方道德风险的质量保证合同的分布情况[32,33]。Dybvig和Lutz建立了一个基于连续时间的双方道德风险动态质量保证模型[34]。Cooper和Ross指出，在某些条件下，两期质量保证合约能够实施最优产出水平，强调了消费者与企业在维护产品方面细心程度的不对称性[35]。食品质量具有信任型特征(credence characteristics)，呈现在消费者面前的食品质量取决于种植者与加工企业的共同努力，Olmos通过对一个双方道德风险模型的仿真，发现基于产出的线性合约降低了种植者在食品质量方面的投入[36]。

在风险投资方面：Mann和Wissink分析了标准化合约的最少信息需求，以及存在双方道德风险时确定激励的过程[37]。Schertler通过双方道德风险模型指出风险投资者提供的专家意见与其经验存在差异[38]。Houben在风险投资领域第一次同时讨论了双方逆向选择与双方道德风险问题[39]。Schmidt在不完全契约框架内讨论了双方道德风险问题[40]。Repullo和Suarez讨论了当存在双方道德风险时风险投资者的咨询者角色与最优的合约安排[41]。Fu等认为双方道德风险情形下创业者与风险资本家之间存在一个最优合约，该合约是债权与股权混合融资的某个比例[42]。

其他方面：Aggarwal和Lichtenberg研究了存在双方道德风险上下游企业间令人关注的污染问题[43]。Feess和Nell在一个管理者与审计者的博弈模型中讨论了双方道德风险问题[44]。Jelovac等分析了医院和医生之间的最优合同，合同设计涉及如何处理双方道德风险问题[45]。Zhao研究了双方隐藏行动的重复偷懒模型中的受限帕累托最优安排[46]。Eriksson和Lind对建筑行业、Giraudet等在能源领域分别讨论了双方道德风险问题[47,48]。

针对如何解决双方道德风险问题：Carmichael在分析锦标制度是否能够解决双方道德风险方面做了初步尝试[49]。Demski和Sappington指出如果双方有权利决定风险规避的代理人是否可以以谈判价格购买企业，双方道德风险问题能够完全且毫无成本地解决[50]。Al-Najjar研究了如何利用所有代理人的产出信息设计解决双方道德风险的激励方案[51]。Tsoulouhas分析了在具有多个代理人和双方道德风险的情形中相对业绩评估作为激励合约的最优性问题[52]。

二、国内相关研究

国内对于双方道德风险问题的研究始于21世纪初，如前所述，在称呼上有三种：双边道德风险、双重道德风险和双方道德风险。从文献量而言[1]，使用双边道德风险这一称呼最多，有82篇，使用双重道德风险的文献28篇，使用双方道德风险的文献最少，有10篇。从含义上来看，双重道德风险中的"双重"并不能准确表述委托人与代理人双方的道德风险问题，有时会被用于表述其他情形。如曹艳秋分析了财政补贴农业保险中的一种双重道德风险的情形，政府财政部门、保险公司和农户构成三层的委托代理关系，在政府和保险公司构成的委托代理关系中，存在保险公司的道德风险行为，在保险公司与农户的委托代理关系中，存在着农户的道德风险行为[53]。这显然不同于我们这里讨论的"甲对乙有道德风险行为，乙对甲有道德风险行为"这种相互性。因此，对于本书所讨论的情形，不建议使用双重道德风险这一称呼。赵曼、柯国年[54]和赵曼[55]，两篇文献都讨论了存在医疗保险情形下医患双方的道德风险导致的费用"黑洞"问题，他们是国内最早使用"双方道德风险"这一称呼并讨论双方道德风险问题的学者。不过，他们并没有应用经典的委托代理理论进行分析。真正的双方道德风险建模分析滥觞于2004年发表的三篇文章：杨青、李珏[56]，马雷[57]和赵向明、孔德明[58]。"双边"与"双方"的含义完全相同，本书出于习惯，使用双方道德风险这一称呼。

(一) 风险投资双方道德风险问题研究

在风险投资领域，风险企业家富于创新进取，拥有某项技术或诀窍，然而缺少资金和管理经验，需要资金和风险投资家参与管理；风险投资家拥有风险资本和管理经验，然而却可能苦于找不到合适的投资项目。于是，风险企业家与风险投资家走到一起，共同运作一个项目。然而，风险投资家的参与管理的努力和风险企业家的努力都是不可观察的，于是可能存在双

---

[1]文献以篇名作检索词在中国知网检索，时间截至2018年8月。

方道德风险问题。随着我国经济和社会的发展，创新创业受到越来越多的关注，而这一领域的双方道德风险问题也自然得到比较多的研究讨论，可以说是国内研究双方道德风险问题最多的领域。

杨青、李珏通过设计一个最佳的线性合约来达到对双方的激励[56]。李元华也得出并讨论了类似的线性合约[59]。蔡永清等也设计了在双边道德风险条件下创业投资家和创业企业家的线性激励契约，发现在股权与债权相结合的契约安排下，由于不完全信息，创业投资家与创业企业家均会降低努力水平，并且创业投资家会降低预期投资额[60]。

赵振武、唐万生认为若风险资本家确定了风险企业的发展前景，那么就可以选择最合适的投资工具来避免道德风险问题。在风险企业发展前景良好时，应以普通股的方式来投资；若风险资本家确定风险企业的发展前景一般时，应以债券的方式为投资工具；若风险企业发展前景处于不确定的情况下，风险资本家应该以可转换证券为投资工具[61]。可转换证券降低风险投资中双重道德风险的作用，由葛敏进行了定性探讨[62]。然而，罗慧英指出，无论是债券还是普通股都无法同时激励风险资本家和企业家投入最佳的资源，都无法有效解决双方道德风险问题，因此，应当引入相机性的控制权安排，即信号好时由创业企业家控制，信号不好时由风险投资家控制。这样就将可转换证券和控制权相机安排结合起来，可以为双方提供激励，解决风险投资中的双边道德风险问题[63]；吴斌等也得出同样的结论[64]。

严太华、黄成节的模型中，假设风险投资家与风险企业家都是风险中性的，风险投资家可以同时运作多个风险项目，并且风险项目的供给是完全弹性的，风险企业家一次只运作一个项目。分析表明，风险投资组合中最优项目数量会随项目成功带来的收益增加而增加，随项目要求的初始投资额的增加而减少[65]。当然，这一结论完全在情理之中。张矢的、魏东旭利用多阶段动态博弈模型考察了风险投资家与企业家之间的双重道德风险问题，通过对Ramy Elitzur模型的改进，推导出风险投资家与企业家之间的最优激励报酬合同，分析影响合同设计的诸多因素，并得出风险投资家的最佳退出点[66]。

唐伟认为当创业家和创业资本家双方的努力程度与投资的数量相关，当投资者的投资比例低时，他必须被赋予普通股，而当其投资比例高时，他获得可转换债券或优先股[67]。苏云等[68]、郭文新等[69-71]通过不同模型验证了风险投资中广泛采用可转换优先股的合理性。不过,柯健却认为在风险投资契约中,仅有可转换证券一种工具并不能解决风险投资中的双边道德风险问题,可转换证券为风险投资家提供了充分的激励,但是降低了创业企业家的激励[72]。南旭光、周志高认为将可转换证券和控制权相机结合起来,为双方提供激励,可以解决创业投资中的双边道德风险问题[73]。

刘新民等在传统的股权契约的基础上,引入风险投资家的违约补偿金,增加了风险投资家作为委托人的违约成本,降低了其违约倾向,既规避了风险投资机构逃避为风险企业追加投资的委托人道德风险,同时也降低了风险企业无效运用投资的代理人道德风险[74]。殷林森认为在没有契约工具可以完全消除双边道德风险的情况下,通过间接控制私人收益来激励双方的努力,部分消除双边道德风险[75,76]。相璟瑞、罗东坤发现在考虑风险企业家的控制权私人收益,并且将再谈判机制引入的情况下,可转债内嵌的债务契约和转股期权能够保证风险投资家和风险企业家在不同自然状态和创新水平下均选择社会最优的努力水平,也就是说合理的可转债契约能够缓解企业在创新过程中的双边道德风险问题[77]。

陈逢文等将信号监控引入双方道德风险模型。信号是一个与努力水平无关的外控变量(如其他企业利润水平、同期A股企业利润率等)。加入信号监控变量的目的是使创业企业双方能有参照进行"相对效益比较",同时能够考虑到创业企业内部特定因素外的行业性共同因素,这样可以剔除更多的不确定性影响,使创业双方的报酬与个人努力投入的关系更为密切,从而调动其努力工作的积极性[78]。

殷林森、胡文伟[79]和谢贻美等[80]对创业投资(风险投资)中道德风险问题的相关研究分别作了一个文献综述。

综上所述,风险投资领域应用双方道德风险理论和模型进行分析是一个相对成熟的领域,然而众多文献得出的结论并不一致,并且几乎所有研究都是理论研究,欠缺实证分析研究。

(二) 供应链双方道德风险问题研究

供应链是指产品生产和流通过程中所涉及的原材料供应商、生产商、分销商、零售商以及最终消费者等成员通过与上游、下游成员的连接(linkage)组成的网络结构。供应链管理就是处理这一网络结构中的物流、信息流和资金流的管理活动。供应链管理离不开网络中上下游企业之间的合作。

对于需要进行专用性资产投资或通过契约安排形成专用性资产投资的经销关系中，往往会存在双边道德风险：一是生产商敲竹杠的道德风险；二是经销商隐蔽行为的道德风险。马雷通过一个简单的不完全契约安排试图解决这种双边道德风险，以取得社会最优投资[57]。

李丽君等探讨了双边道德风险条件下供应链的质量控制策略，其激励措施依赖于销售商是否检测出供应商产品的质量问题而对供应商进行处罚来实现[81]。申强等分析了外部损失分担与内部惩罚质量契约协调下双方产品质量控制水平，研究了外部市场及质量成本变化对两种契约的公平性和有效性的影响[82]。严建援等从供应链管理的视角分别构建了基于内部质量检测的担保契约和基于外部故障检测的担保契约，并对两种质量担保契约对SaaS供应链的协调效果进行验证及对比分析[83]。

赵向明、孔德明通过建立一个生产商和一个零售商的模型，指出了合作广告中双边道德风险问题的根源，分析了广告支持率、纵向整合、批发定价和绩效要求对解决双方道德风险的作用[58]。张波、黄培清指出，供应链中的下游企业(如销售商)往往可以通过选择非价格变量来影响需求，例如：广告、促销努力等诸如此类的行为变量都会对需求产生重大的影响，由于这些行为的监督成本太高，或者是不能被第三方验证，故无法在合同中具体规定这些活动所应该达到的水平或范围，称这些行为变量为非合同变量，它将导致道德风险问题的出现；作为供应链纵向分工协作关系中的上游企业，同样可以通过选择非价格变量来影响市场需求，由于同样的原因，上游企业的某些非价格选择也是无法写入合同的，这样，双重道德风险就产生了。研究发现，在适度的市场风险条件下，通过灵活的供应链回购合同设计，可以实现上游制造商和下游销售商之间的帕累托改进，从而提高整个供应链的绩效[84]。代建生等在销售商风险规避且存在双边道德风险的假设下，基于CVaR风险度量准则，考察了供应商和销售商联合促销报童类商品的订购和促销决策，并在此基础上讨论了收益共享契约的协调问题[85]。

高阔、甘筱青通过静态博弈模型揭示"公司＋农户"模式履约率不高的原因在于市场风险的存在，而违约金额、市场交易成本和时间偏好成本正向影响契约稳定的价格区间幅度[86]。

外包服务项目执行结果受服务商工作努力程度和客户参与配合的共同影响，双方在服务执行中往往会出现双边道德风险。宋寒等针对双边道德风险下正式外包契约无法有效激励双方共同努力这一问题，运用委托代理理论设计了非正式的服务外包关系契约，指出对任意折现率，实施关系契约的客户收益与系统收益均不小于正式契约，且随着折现率的增加，关系契约的激励效果越显著；当折现率足够大时，关系契约能有效激励双方共同努力，实现系统最优[87]。代建生等运用团队生产模型，考察了存在双边道德风险下发包方参与生产的服务外包最优线性分成契约[88]。但斌等进一步将这种服务外包具体化为研发外包，再次设计了双边道德风险下的研发外包合同，并对合同参数的影响因素进行了分析[89]。张旭梅等从与外包相反的知识获取角度研究了供应链环境下面临双边道德风险时制造商与零售商协同获取客户知识的契约设计问题[90]。王辉和侯文华则研究了双边道德风险下流程模块化度对业务流程外包激励契约设计的影响[91]。

皮星通过合理的利益分配方式、成本分摊方式和合作方式的选择，研究了企业间的合作创新机制，应对供应链纵向合作创新的双边道德风险，促使合作成员真实披露其私人信息、提高技术创新投入或付出应有努力，促进供应链企业合作创新的成功[92]。游静则在一个更为具体的背景——信息系统集成下，探讨了委托方与原信息系统服务商存在双边道德风险时的报酬机制设计问题[93]。黄波等研究了如何利用利益分配方式作为激励机制，促使研发外包合作双方如实告知其私人信息并付出应有努力或投入足够研发资源[94]。李慧芬等的研究同样是在服务合作生产的背景下讨论，不过合作生产中的相对重要性因子在特有背景下表示为客户知识依赖弹性系数[95]。针对合作研发中研发能力和谈判能力对利益分配和研发模式的影响，孟卫东、代建生构建了存在双边道德风险的合作研发联合生产模型，研究表明合作研发实现的净收益随参与方研发能力的增强而增大，并分析了合作双方研发能力和谈判能力对最优线性分配比例的影响[96]。

张子健、刘伟在双边道德风险模型下，研究供应链合作产品开发中报酬契约的设计，发现最优契约中的部件技术价格随供应商研发努力的成本参数降低，随制造商努力成本参数增加[97]。

胡新平、王义国针对制造商和零售商共同努力回收废旧品过程中的双边道德风险问题，引入努力弹性系数，运用委托代理理论，设计了一个基于双边道德风险的线性契约[98]。

徐红等的研究在供应链领域再次验证了，在双边道德风险下双方的努力水平总是低于信息对称条件下的努力水平，同时，在双边道德风险的契约设计中，制造商通过对收益分享系数的设计，可以降低双边道德风险，激励双方合作[99]。

黄志烨等从节能服务企业与银行的长期重复借贷合作关系出发，针对节能服务企业贷款过程中所存在的双边道德风险问题，引入银行贷款额度不足带来的潜在收益分享系数，建立了节能服务企业与银行双边道德风险下长期关系契约规划模型，解决节能服务较高风险和不确定性所导致的银企之间关系契约面临的激励相容问题，并进一步分析了贴现因子对银企关系契约激励效果的影响[100]。

(三) 一般化双方道德风险问题研究

尽管双方道德风险问题的大多数研究都具有特定行业背景，但是依然有部分研究试图摆脱行业背景的限制，进行一般化研究。如罗军在动态的环境下，考察了一般的双重道德风险问题及其契约机制，讨论了帕累托最优契约存在的条件，发现帕累托最优契约呈现出递归结构，并满足递归有效的重要特性[101]。孙树垒和王海燕同时引入委托人与代理人双方风险规避问题，构建一般化的双方道德风险模型，以确定性等价收入方法得到均衡战略行为纳什解与契约结构最优条件[102]。孙树垒和孟秀丽[103]、孙树垒等[104]建立了完全信息、单方信息不对称和双方信息不对称等不同信息结构下双方道德风险组织激励问题的规划模型，分别引入线性生产函数和Cobb-Douglas生产函数，对比分析了不同信息结构下双方道德风险组织激励的均衡努力、最优契约和效用水平。孙树垒进一步建立合作与非合作博弈结构下双方道德风险组织激励问题的规划模型，对比分析了不同博弈结构、不同生产方式下双方道德风险组织激励的均衡努力、最优契约和效用水平[105]。

张红波和王国顺建立了基于解聘补偿的委托代理模型，在初始契约中引入解聘补偿后委托代理双方的最优决策，研究结果表明在初始契约中写进解聘补偿可有效缓解委托代理双方的道德风险[106]。刘新民等将过度自信、解聘补偿和代理人的解聘倾向引入委托代理关系，分析了过度自信对于努力水平、激励系数、固定报酬和代理成本的影响，建立了基于代理人过度自信的双边道德风险缓解机制[107]。温新刚等针对管理活动的动态性与多任务性的特点，将解聘补偿与解聘倾向引入动态多任务契约设计中，构建了基于解聘补偿的动态多任务双边道德风险契约[108]。

史青春和王平心特征化了一个在投资能力方面具有私人信息的委托人，和一个在努力水平上具有私人信息的代理人，在联合生产产品时所面临的双边道德风险问题。研究结果表明，在风险中性的委托人和严格风险规避的代理人联合生产产品时，激励努力的次优契约可以达到，只是不能为代理人提供完全的保险；在双边道德风险条件下，隐藏信息不再是有信息的局中人的最优策略，而私人信息的交换与共享可以促成次优转移均衡的实现，这说明和单边的信息不对称造成的单边道德风险相比较，结构性的信息不对称并不一定使得双边道德风险问题更严重[109]。

总之，国内有关双方道德风险问题的研究：从行业领域来看，主要集中于风险投资和供应链领域，其他领域的研究较少(如陈艳莹和周娟[110]、叶森发等[111]研究了房地产领域的双方道德风险问题；孙树垒研究了特许经营领域的双方道德风险问题[112])；从理论与实证的角度来看，理论研究多，实证研究少；从抽象程度来看，结合具体领域的研究多，一般化研究较少。

第三节　本书结构安排

本书主要对双方道德风险问题的理论及应用进行研究，首先介绍道德风险及双方道德风险问题的背景，并进行文献梳理，掌握国内外有关双方道德风险问题的研究现状(第一章)；然后分析双方道德风险问题的本质、产生条件与诱因，以及双方道德风险问题的一般分析框架(第二章)；接着对双方道德风险问题进行一般化的理论探讨，主要包括两个方面，一是探讨不同协作方式下的双方道德风险问题(第三章)，二是探讨风险态度(即风险规避)对双方道德风险问题产生的影响(第四章)；随后是有关双方道德问题的应用研究，主要讨论分析两个行业领域的双方道德风险问题，一是特许经营领域的双方道德风险问题(第五章)，二是食品安全领域的双方道德风险问题(第六章)；最后对全书内容进行总结(第七章)。本书的结构框架如图1.1所示。

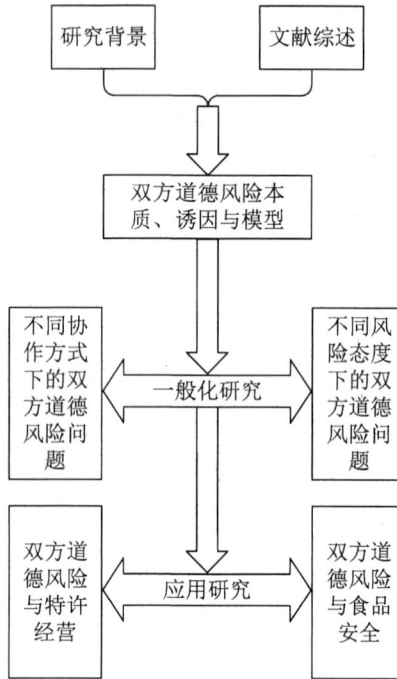

图 1.1 本书结构框架

本书将规范研究与案例、实证研究相结合，采用定性分析与定量研究相结合的方法，对双方信息不对称下的双方道德风险问题进行研究，以揭示双方道德风险问题的内在特点及规律，并结合具体领域提出消除或缓解双方道德风险问题的相关措施，以指导实际经济业务活动。

第二章 双方道德风险本质、产生条件与一般模型

第一节 双方道德风险的博弈本质

道德风险是指从事经济活动的人在最大限度地增进自身效用的同时做出不利于他人的行动。因此，不难看出道德风险的本质是损人利己。无论是"损人"以"利己"，还是"利己"导致"损人"，都可以看作是道德风险。若以简单的二分法来说，要么道德风险，要么非道德风险，也就是损人利己和不损人利己，这会与我国传统道德体系中的利与义完美地对应起来，损人利己是为利，不损人利己是为义。因此，凡以利为先、以义为后的行为均可以归为道德风险行为。

延伸开来，双方道德风险行为就是双方均采取损失自己的行为，最终导致两败俱伤的双输结果。因此，双方道德风险的本质可以用最为经典的一个博弈——囚徒困境(prisoner's dilemma)来描述。

囚徒2

		不坦白	坦白
囚徒1	不坦白	−1，−1	−9，0
	坦白	0，−9	−6，−6

图 2.1 囚徒困境博弈

囚徒困境描述了这样一种情况：两个人因涉嫌犯罪而被捕，但警察没有足够的证据指控他们确实犯了罪，除非他们两人中至少有一个坦白交

待。他们被隔离审查并被告知：如果两人都不坦白，因证据不足，每人都将坐1年的牢；如果两人都坦白，每个人都将坐6年的牢；如果只有一人坦白，那么坦白者将立即释放，不坦白者将坐9年的牢。图2.1列出了这个博弈的支付矩阵[1]，这里我们用坐牢时间的长短表示博弈双方的支付(收益)。

在这个博弈中，对于囚徒1来说，给定对方选择坦白，那么他也将选择坦白以最大化其支付，因为如果他不坦白的话，等待他的将是9年的牢狱之灾，而选择坦白，仅获得6年的牢狱之灾，当然，此时，囚徒2也是获得6年的刑期；给定对方选择不坦白，出于最大化其支付的目的，他最优的选择依然是坦白，这样他就会立即被释放，而囚徒2将坐9年的牢。因此，无论对方是否坦白，他都会选择坦白。

同样的情况，同样的分析，同样适用于囚徒2。因此，无论囚徒1如何选择，囚徒2的最优策略也是选择坦白。

不难看出，坦白分别为囚徒1和囚徒2的上策(亦称占优策略，dominant strategy)，于是最终的纳什均衡，即博弈结果是策略组合(坦白，坦白)。这一策略组合给双方带来的支付低于策略组合(不坦白，不坦白)带来的支付。这一结果被称为囚徒困境。囚徒困境反映了一个很深刻的问题，这就是个人理性与集体理性的矛盾，个人的理性选择有时不一定是集体的理性选择。换而言之，个人的理性有时将导致集体的非理性。

这个例子出现在每一本涉及博弈论的书中，它是非合作博弈论的理论基础，也是实际生活中许多现象的一个抽象的概括，如国家间的军备竞赛、厂商间的价格战与广告战、公共物品的搭便车问题等。

在双方道德风险问题中，亦有博弈的双方，由于信息不对称，任何一方都无法观察到对方的行为，正如囚徒困境博弈中的双方被隔离审查而无法得知对方的选择一样。更严格一点说，双方道德风险问题与囚徒困境具有相同信息不对称形式，信息不对称是相互的。另外，双方道德风险问题作为一个经济学、博弈论或委托代理理论问题，都是假设参与人是经济人，

---

[1]针对不同的情况，博弈有不同的表述方式，一种是战略式表述(strategic form representation)，一种是扩展式表述(extensive form representation)。战略式表述更适合静态博弈，扩展式表述更适合动态博弈。两人有限博弈的战略式表述可以用矩阵表来直观地给出。这种矩阵表和代表行列的战略以及行列里的博弈参与人(即囚徒1和囚徒2)统称为图，亦有人将其称为表。本书沿用二者之一，标识为图，以图编号，但是以LaTeX排版时，是以表格做出的。

经济人是理性人，追求自身效用的最大化。单方理性的选择同样导致集体的非理性结果，单纯的双方道德风险必然导致并非最优策略组合的纳什均衡。由此可见，双方道德风险问题在本质上就是囚徒困境。

然而，需要指出，双方道德风险问题与囚徒困境虽然在初始信息相互不对称形式与导致次优均衡方面是相同的，但是二者也存在着许多截然不同之处。一是策略空间不同，在囚徒困境中，双方只有两种策略，策略是离散的，有限的，并且双方的策略空间是一样的，都是坦白，不坦白；但是，在双方道德风险问题中，双方的策略是无限的，连续的，而且并不要求双方的策略空间一定是相同的。二是支付结果不同，在囚徒困境中，双方如果给定了选择，那么双方的结果将是确定的；但是，在双方道德风险问题中，即使给定了双方的选择，具体结果依然是不确定的，最终的支付结果还取决于某个或某些外生的随机变量，称之为自然状态。也就是说，囚徒困境中，双方的选择虽然不可观测，但是可以验证。比如，如果囚徒1选择了不坦白，结果他被判了9年刑期，那么他可以推断出囚徒2一定是选择了坦白；如果囚徒1选择了不坦白，结果他只被被判了1年刑期，那么他可以推断出囚徒2在没有与他事先沟通的情况下也选择了不坦白。囚徒1选择坦白的情形也是同样的，而这种可验证性对于囚徒2也是存在的。但是在双方道德风险问题中，由于最终结果还受到自然状态的影响，所以不存在这种通过结果可以推断出对方的具体选择的情况，除非自然状态也是可验证的。最后一点，二者的时序结果不一样。在囚徒困境问题中，双方博弈是一次性的，是静态的；而在双方道德风险问题中，双方具有主动性，可以选择是否或如何进入博弈，其中一方（后面分析会具体化，称为委托人）通过拟定协议确定如何处理或分配结果来进入博弈，而另一方（称为代理人）通过判断参与约束决定是否进入博弈。正是这种时序结构的不同，使得囚徒困境是个非合作博弈，而双方道德风险问题呈现出合作博弈的特点。

第二节　双方道德风险的产生条件

双方道德风险是如何产生的呢？本节我们力图全面地回答这一问题。理解双方道德风险问题的产生条件，是分析和解决双方道德风险问题的重要前提。

道德风险行为就是当签约一方不完全承担风险后果时所采取的自身效用最大化的自私行为，双方道德风险行为也是道德风险行为，是双方各自采取了自身效用最大化的自私行为。因此，道德风险以及双方道德风险的发生首先要求问题中的有关各方是追逐自我利益的经济人。"自利"是人的本性之一，正如亚当·斯密所指出，"毫无疑问，每个人生来首先和主要关心自己；而且，因为他比任何其他人都更适合关心自己，所以他如果这样做的话是恰当和正确的"[113]。因此，所谓"经济人"，就是追求自身利益最大化的人，用卡尔·布鲁内的话来说，即"会计算、有创造性并能获取最大利益的人"[114]。正所谓，"天下熙熙，皆为利来，天下攘攘，皆为利往"。

"经济人"假定揭示出了人的经济行为的基本特征，对现实社会中人的经济活动具有较强的解释力，是整个经济学大厦的基石，成为西方经济学中一个"公理"。马克思主义者虽然批判那种超越一切历史发展阶段的"经济人"假定，但却从来没有否定在一定历史阶段甚至在相当长的人类发展史中"经济人"假定存在的客观性[115]。承认自私自利的"经济人"假定不必悲观，正如哈耶克所说，"真正的问题不在于人类是否由自私的动机所左右，而在于要找到一套制度，从而使人们能够根据自己的选择和决定其普遍行为的动机，尽可能地为满足他人的需要贡献力量[116]"。而这也是本书从理论与应用方面探讨双方道德风险的目的所在。

追求自身效用最大化的"经济人"是道德风险与双方道德风险问题产生的根本原因，但是道德风险与双方道德风险问题的产生还需要其他一些条件。

一、信息不对称

信息是参与交易或参与博弈的参与人对有关交易或博弈的相关知识，特别是有关自然[2]状态、其他参与人的特征和行动的知识。为了表述清楚，在博弈论中需要技术性定义才能将信息表达得更为精确。信息集(information set)是描述参与人信息特征的基本概念，可理解为参与人在

---

[2]"自然"一词是博弈论、决策理论等的术语，是为了分析的方便而引入的一个虚拟参与人。这里，"自然"是指决定外生的随机变量的概率分布的机制。本书在不同地方会不断使用这一称呼，其意义同此。

特定时刻对有关变量的值的知识，简单地说，就是参与人在某个时刻知道什么。

通常，可以以四种不同的方式对信息结构加以分类，这四种信息类别分别是：

（1）完美信息(perfect information)：是指一个参与人对其他参与人(包括虚拟参与人"自然")的行动选择有准确了解的情况。

（2）确定信息(certain information)：是指自然不在任何一个参与人行动之后行动。

（3）完全信息(complete information)：自然不首先行动或它的最初行动被每个参与人所观察到。

（4）对称信息(symmetric information)：没有参与人在行动时有与其他参与人不同的信息。

在对称信息博弈中，任一参与人在任何他该选择行动应该拥有与其他参与人相同的知识，否则博弈就是不对称信息博弈。其实，不对称信息博弈的要点在于某个参与人拥有私人信息。市场参与者之间的信息分布对均衡有着深远甚至惊人的影响，信息不对称可能造成市场失灵，使互惠的交易无从发生。

道德风险问题是不对称信息博弈。在道德风险问题中，一方(称为委托人)首先行动提出契约，另一方(称为代理人[3])随后行动决定是否接受契约，如果接受，那么选择努力水平，最后是自然行动，随机选择某个自然状态，自然状态和代理人的努力水平共同决定某个产出水平。代理人显然可以观察到自己的行动，但是由于委托人首先行动，因此无法观察到代理人的行动。

双方道德风险问题也是不对称信息博弈。在双方道德风险问题中，委托人首先行动提出契约，然后代理人决定是否接受契约，如果接受契约，

---

[3] "委托人"与"代理人"的概念来自法律领域，在法律上当A授权B代表A从事某种活动时，委托代理关系就产生了，A称为委托人，B称为代理人。但是经济学上的委托代理关系泛指一种涉及非对称信息的交易，交易中有信息优势的一方称为代理人，另一方称为委托人。简单地说，知情者(informed player)是代理人，不知情者(uninformed player)是委托人。然而，这一定义不适用了双方道德风险的特殊情形。为了统一和分析方便，本书中将提出交易契约的一方称为委托人，决定是否接受契约的一方为代理人。这一界定可以看作又回归了委托代理的法律定义。

那么委托人与代理人同时行动，分别选择各自的努力水平，最后是自然选择，随机选择某个自然状态，自然状态和委托人以及代理人的努力水平共同决定某个产出水平。显然，当委托人与代理人同时行动选择各自的努力水平时，谁都可以观察到自己的行为，但是谁也无法观察到对方的行为，因此双方分别拥有对方不拥有的私人信息，此时的信息不对称，是相互的，称为双方信息不对称。也正是由于信息不对称是相互的，组织成员围绕组织目标进行某种共同产出时，任何一方不可观察的工作表现与环境因素共同决定产出水平，那么每一方都倾向于降低努力水平或采取偷懒行为，于是由双方非对称信息诱发双方机会主义行为，产生双方道德风险问题。

二、行为不可验证

无论是道德风险问题，还是双方道德风险问题，都是不对称信息博弈。信息的不对称是一个重要的前提条件。然而，存在信息不对称，却未必一定发生道德风险或双方道德风险问题。

在单方道德风险情形下，如果在代理人努力水平和产出水平之间的映射是完全确定的，也就是没有自然状态导致的随机影响，那么委托人或法律机关就可以毫无困难地从观察到的产出中推断出代理人的努力水平。那么即使代理人的努力水平不能直接观察到，它也可以被间接地契约化，因为产出本身是可以观测和可以验证的。

同样地，在双方道德风险问题情形下，如果在委托人努力水平与代理人努力水平这两个输入与产出之间的映射也是完全确定的，那么委托人可以毫无困难地从观察到的产出中推断出代理人的努力水平，因为他知道自己的努力水平，而代理人也可以毫无困难地从观察到的产出中推断出委托人的努力水平，因为他也知道自己的努力水平。这正如知道确定性结果的囚徒困境的情况：一方知道的判决结果，当然可以推断出对方选择的策略。此时，即使每一方都观察不到对方的努力水平，它们也可以被间接地契约化，因为产出本身是可以观测和可以验证的。为了说明这一点，我们再次以囚徒困境为例：囚徒1和囚徒2在被捕前达成这样的协议，对于将来的判决结果，双方分别承担对方一半的刑期（尽管这有违常理，我们依然假设这在法律上是允许的），那么双方都将会选择不坦白，得到最优的均衡结果，双方选择什么策略如同被写入了有约束力的契约中。

因此，自然状态导致的随机影响在道德风险与双方道德风险问题的产生中同样是个重要的前提条件。正是在自然状态的影响下，产出成为随机产出，产出是努力水平与外界因素的综合。换言之，已经实现的产出水平是代理人努力水平（单方道德风险问题）或委托人与代理人双方努力水平（双方道德风险问题）的一个噪音信号。这一不确定性是研究道德风险下契约问题的关键。

现在已经清楚，正是由于外界自然状态的影响，使得代理人行为或双方行为在信息不对称情形下的不可观察性进一步演变为事后的不可验证性，所以在契约中很难规范这些行为，于是我们称存在着道德风险或双方道德风险问题。

三、目标不一致

在这儿需要强调一点，如果委托人与代理人具有相同的目标函数，那么道德风险或双方道德风险不会成为一个问题。如果利己就是利他，或者利他同时也是利己，那么双方目标一致，不存在利益冲突，也就无所谓道德风险或双方道德风险问题。现实中，目标的不一致，利益的冲突，是普遍存在的。

道德风险与双方道德风险问题经常出现在各类经济活动中，其根本原因是各方经济主体追求自身的利益最大化，而双方利益存在着冲突，信息不对称则为有关各方采取机会主义行为提供了"遮阳伞"，行为的不可验证性使得不能容易地得知"遮阳伞"下的行为，于是诱发了道德风险与双方道德风险问题。

第三节 双方道德风险的一般模型

在标准的委托代理理论中，信息不对称是单方面的，只有代理人参与生产，委托人并不参与生产；只有代理人拥有私人信息，委托人并没有私人信息。现实中的组织都具有团队生产的特点，信息的不对称是相互的，产出是所有团队成员共同努力的结果，但没有任何成员对其他成员的行为有完全的知识，双方都面临因对方机会主义行为所导致的道德风险问题。

为了展开对双方道德风险问题的理论分析，首先建立双方道德风险的一般模型作为基本的分析框架。

假设组织由两类成员组成，成员 M 和成员 P，不失一般性，假设成员 M 为委托人，成员 P 为代理人，两者都假设为期望效用最大化者，每个成员的任务都是规定好的。组织的产出绩效取决于两类成员的共同努力，并依赖于外生不确定性（称为"自然状态"）。令 A_i 为第 i 个成员的行动集合，a_i 表示 A_i 的一个元素，即 $a_i \in A_i, i = M, P$。特别地，将 a_i 等同于一个连续的一维变量，称为 i 的工作努力水平。令 Q 为组织产出绩效水平，Q 是 a_M、a_P 的随机函数。假设对任何给定的 a_M 和 a_P，存在 Q 的一个条件分布函数，用 $\Phi(Q; a_M, a_P)$ 表示。Q 作为不可保险的不确定性，意味着 $\frac{\partial \Phi}{\partial a_M} \neq 0$ 和 $\frac{\partial \Phi}{\partial a_P} \neq 0$。同时，假设 $\Phi(Q; a_M, a_P)$ 满足对 a_M 和 a_P 的一阶随机占优条件，即 $\frac{\partial \Phi}{\partial a_i} \leqslant 0$，且至少对某些 Q 严格不等式成立，这意味着较高努力水平带来较高产出绩效的概率大于较低努力水平带来较高产出绩效的概率。假设 $\Phi(Q; a_M, a_P)$ 满足对 a_M 和 a_P 的分布函数凸性条件，即 $\frac{\partial^2 \Phi}{\partial a_i^2} \geqslant 0$，这意味着规模经济是随机递减的。

成员 i 的成本函数分别为 $C_i(a_i) = \frac{1}{2} a_i^2$，满足 $C_i' > 0$，$C_i'' \geqslant 0, i = M, P$。两类成员的效用函数为 von Nevmann-Morgenstern 效用函数，分别为 $U_i = V_i(Q_i) - C_i(a_i)$，其中，$Q_i$ 为成员 i 得到的产出绩效分配，C 为努力成本效用（负效用），V 为收入效用，满足 $V_i' > 0$，$V_i'' \leqslant 0, i = M, P$，意味着两类成员是风险规避者或风险中性者。若为风险规避，假设委托人与代理人分别具有 Arrow-Pratt 绝对风险规避度 ρ_M 和 ρ_P。

假设委托人向代理人提供线性契约 (R, r)。其中，R 为代理人交给委托人的固定转移支付，亦称固定租金；$r(0 \leqslant r \leqslant 1)$ 是委托人得到的产出份额，亦称委托人的分享比例；与此相对应，$1 - r$ 为代理人分配得到的产出份额，亦称代理人的分享比例。注意到线性合约在某些情况下简化为：（1）固定租金合同，当 $r = 0$，且 $R > 0$；（2）固定工资合同，当 $r = 1$，且 $R < 0$；（3）共同分担合同，当 $0 < r < 1$，且 R 或者为正，或者为负，或者为零。

进一步假设双方的生产函数为 $Q = f(a_M, a_P) + \theta$，其中，f 为确定性的生产技术或生产函数，θ是风险因素，服从正态分布，均值为0，方差为σ^2。可见，委托人与代理人共同生产某种产品或创造某种价值，不确定的产出依赖双方的努力水平、确定性生产技术的形式以及外在的风险因素。风险因素代表了投入与产出的价格以及生产等变化的不确定性。假设θ的分布对于双方来说是共同知识，但双方都无法知道任意时间点上θ的准确值。这一假设潜在地指出任何一方都不能直接观察到对方的努力水平，同时，也保证了没有哪一方能够通过产出这一共同知识间接推断出对方的努力水平。因此，存在双方道德风险问题。

委托人与代理人之间的博弈过程可以划分为两个阶段：第一阶段，委托人提出契约，契约变量为分享比例r和固定转移支付R，如果代理人接受合约的期望效用不低于其保留效用$\underline{U}$，那么将接受合约；第二阶段，在给定分享比例r和固定转移支付R的前提下，委托人与代理人同时选择努力水平实现产出。

这种委托人与代理人之间的不完全信息动态博弈称为双方道德风险组织激励模型。

第三章　协作方式与双方道德风险

第一节　团队生产技术

生产是将投入转化为产出的过程。要实现这一过程，首先要满足技术上的可行性。技术状况决定并限制了几种投入共同实现的可能产出。刻画生产有多种方法，最常用的是使用生产可能集$Y \subset \mathbf{R}^m$，每个向量$y = (y_1, y_2, \ldots, y_m) \in Y$表示一种可行的生产计划，其中每个元素$y_i$表示各种投入和产出的数量。如果资源$i$在生产计划中是投入，那么写成$y_i < 0$的形式；如果资源$i$在生产计划中是产出，那么写成$y_i > 0$的形式。生产可能集非常容易表示多投入、多产出的情况，成为刻画生产的最常用方法。

对于只考虑多投入和单产出的情况，使用生产函数更为方便。生产函数是指特定时期内所使用的各种投入的数量与该时期内所能生产的某种商品的最大产量之间的关系，更具体地说，生产函数是表示从不同的投入组合中所能取得的最大产量之间的图表或表达式。

当用多种投入生产一种产品的时候，我们用Q来表示产出的数量。投入要素可能是土地、资本、劳动力等。本书主要讨论双方道德风险，涉及双方共同参与生产的问题(一方为委托人，以M表示；一方为代理人，以P表示)，双方的投入主要是指在生产中付出的努力水平，其他投入视作沉没成本予以忽略。努力水平可以是具体的行动，也可以是抽象的心力。这里，我们使用$a_i, i = M, P$表示其中一方努力水平的投入。生产函数表示为$Q = f(a_M, a_P)$，其中，投入与产出都是非负的，即$a_i \geqslant 0, Q \geqslant 0$。

在维持产出不变的情况下，用一种要素替代另一种要素的比例，称为边际技术替代率（Marginal Rate of Technical Substitution，MRTS）。具体来说，投入 j 对投入 i 的边际技术替代率表示为 $MRTS_{ij}$，被定义为两种要素的边际产量之比。

$$MRTS_{ij} = \frac{\partial f / \partial a_i}{\partial f / \partial a_j} \tag{3.1}$$

一般来说，两种投入要素之间的MRTS与两种要素当前的投入量有关，具有边际技术替代率递减的现象。由于边际技术替代率是一个局部的测量指标，经济学家倾向于使用一个无单位的替代弹性指标。令其他投入和产出保持不变的情况下，投入 j 对 i 的替代弹性 σ 被定义为两种投入的MRTS的百分之一的变动导致这两种投入的比率的百分比变动。

$$\sigma_{ij} = \frac{\frac{\Delta a_j / \Delta a_i}{a_j / a_i}}{\frac{\Delta MRTS}{MRTS}} \tag{3.2}$$

其中，Δ 表示变动量。当变动量 Δ 趋于0时，式(3.2)变为

$$\sigma_{ij} = \frac{MRTS}{a_j / a_i} \frac{\mathrm{d}x_2 / \mathrm{d}x_1}{\mathrm{d}MRTS} \tag{3.3}$$

注意到，$\frac{\mathrm{d}\ln y}{\mathrm{d}\ln x} = \frac{\mathrm{d}y}{\mathrm{d}x} \frac{x}{y}$，因此，替代弹性可以进一步表示为

$$\sigma_{ij} = \frac{\mathrm{d}\ln a_j / a_i}{\mathrm{d}\ln MRTS} \tag{3.4}$$

一种具有良好性质的生产函数是不变替代弹性或CES(Constant Elasticity of Substitution)生产函数，其形式为

$$Q = f(a_i, a_j) = [\alpha_1 a_i^\rho + \alpha_2 a_j^\rho]^{\frac{1}{\rho}} \tag{3.5}$$

其边际技术替代率为 $MRTS_{ij} = (\frac{a_j}{a_i})^{1-\rho}$，替代弹性 $\sigma_{ij} = \frac{1}{1-\rho}$。

其他一些常用的生产函数都可以被视为CES生产函数的特殊形式，具体来说，随着 $\rho \to 0$，$\sigma_{ij} \to 0$，CES生产函数会退化为著名的柯布-道格拉斯(Cobb-Douglas)生产函数

$$Q = f(a_i, a_j) = a_i^{\alpha_1} a_j^{\alpha_2} \tag{3.6}$$

随着 $\rho \to -\infty$，$\sigma_{ij} \to 0$，CES生产函数退化为里昂惕夫(Leontief)生产函数

$$Q = f(a_i, a_j) = \min\{a_i, a_j\} \tag{3.7}$$

随着 $\rho \to 1$，CES生产函数会退化为线性生产函数

$$Q = f(a_i, a_j) = \alpha_1 a_i + \alpha_2 a_j \tag{3.8}$$

双方共同进行生产任务，当信息不对称是相互的，从而个人贡献不可观测时，便容易诱发搭便车行为，也就是产生双方道德风险问题。CES生产函数的不同形式，尤其是柯布-道格拉斯生产函数和线性生产函数，能够很好地刻画双方共同进行某种产品的生产或共同完成某项任务的情形。

第二节 线性生产函数下的双方道德风险问题

本节分析具有线性生产函数的双方道德风险问题[103]。

一、线性生产双方道德风险模型分析

假设委托人与代理人共同进行某种生产活动，投入为双方的努力水平 a_M 和 a_P，产出为双方努力水平的线性函数(或生产技术)，有

$$f(a_M, a_P) = \alpha a_M + (1 - \alpha) a_P \tag{3.9}$$

式中，α 为相对重要性因子，α 和 $1 - \alpha$ 分别度量委托人与代理人对产出的贡献大小。显然，生产集满足生产技术的单调性和凸性条件，技术替代率为常数 $(1 - \alpha)/\alpha$。

委托人的期望效用为

$$EU_M = V_M(Q_M) - C_M(a_M) = R + r[\alpha a_M + (1 - \alpha)a_P] - \frac{1}{2}a_M^2 \tag{3.10}$$

代理人的期望效用为

$$EU_P = V_P(Q_P) - C_P(a_P) = -R + (1-r)[\alpha a_M + (1-\alpha)a_P] - \frac{1}{2}a_P^2 \tag{3.11}$$

为了测度双方道德风险组织激励模型的配置效率损失，需要将双方道德风险组织激励模型的配置效率与其他模型配置效率进行比较，从而做出

相对性评价与科学衡量；而为了保证测度的全面性，另外选择两类信息结构的模型作为比较标准，一类是完全信息下的双方道德风险组织激励模型，另一类是单方不对称信息下的双方道德风险组织激励模型。这三种组织激励模型的区别在于信息结构假设条件的差异，双方道德风险组织激励模型的信息结构是双方信息不对称，单方道德风险组织激励模型是标准的委托代理理论中的道德风险模型，其信息结构是单方信息不对称，只有代理人拥有私人信息，而在完全信息情形下，不存在风险与激励的冲突。

委托人与代理人之间存在的不对称信息，一方面会对资源配置集施加一定的限制，另一方面会对决策变量集施加一定的限制，三种激励模型信息结构的差异使得各自具有不同的可行努力集合和决策变量集合，由完全信息到单方不对称信息，再到双方不对称信息，激励相容约束施加更多限制，可行努力集合和决策变量集合都在不断减小。在委托人拥有委托权情况下，不同信息结构下双方道德风险组织激励具有相同的参与约束。

根据双方道德风险基本分析框架，在不同信息结构下双方道德风险组织激励模型中，委托人面临的规划问题模型如表3.1所示。

表 3.1 　不同信息结构下双方道德风险组织激励规划模型

	双方信息不对称	单方信息不对称	完全信息
目标函数	$(R,r) \in \mathrm{argmax}EU_M$	$(a_M, R, r) \in \mathrm{argmax}EU_M$	$(a_M, a_P, R, r) \in \mathrm{argmax}EU_M$
激励相容约束	$a_M \in \mathrm{argmax}EU_M$ $a_P \in \mathrm{argmax}EU_P$	$a_P \in \mathrm{argmax}EU_P$	无约束
参与约束	$EU_P \geqslant \underline{U}_P$	$EU_P \geqslant \underline{U}_P$	$EU_P \geqslant \underline{U}_P$

借助于非线性优化问题求解方法可以得出不同信息结构下线性生产双方道德风险组织激励问题的均衡行为、最优契约及双方效用的显式结果，如表3.2(该表中，单方是指单方信息不对称，双方是指双方信息不对称)和表3.3所示。

由表3.2和表3.3可知，线性生产双方道德风险组织激励问题的特点是：（1）完全信息与单方信息不对称下，均衡努力水平仅取决于相对重要性因子的大小，与最优契约无关；（2）完全信息下最优契约中的固定转移支付不仅取决于分享比例，还取决于相对重要性因子，而单方信息不对称下最优分享比例为零，双方信息不对称下最优分享比例完全由相对重要性因子决定，因此，完全信息下最优分享比例是外生的，单方信息不对称下最优分享比例是固定的，双方信息不对称下最优分享比例是内生的；(3) 不同信息结构下线性生产双方道德风险组织激励问题中，代理人的效用水平都等于其保留效用，委托人的效用水平不仅取决于相对重要性因子，还受到代理人保留效用的影响。

表 3.2 不同信息结构下线性生产双方道德风险均衡努力与最优契约

模型	均衡努力	最优契约(转移支付与分享比例)
完全 信息	$a_M^* = \alpha$ $a_P^* = 1 - \alpha$	r^*任意 $R^* = (1 - r^*)\alpha^2 + (\frac{1}{2} - r^*)(1 - \alpha)^2 - \underline{U}_P$
单方	$a_M^{**} = \alpha$ $a_P^{**} = 1 - \alpha$	$r^{**} = 0$ $R^{**} = \alpha^2 + \frac{1}{2}(1 - \alpha)^2 - \underline{U}_P$
双方	$a_M^{***} = r\alpha$ $a_P^{***} = (1 - r)(1 - \alpha)$	$r^{***} = \frac{\alpha}{1 - \alpha + \alpha^2}$ $R^{***} = (1 - r^{***})[\alpha a_M^{***} + (1 - \alpha)a_P^{***}] - \frac{1}{2}(a_P^{***})^2 - \underline{U}_P$

注：*表示完全信息下的求解结果；**表示单方信息不对称下的求解结果；***表示双方信息不对称下的求解结果。

表 3.3 不同信息结构下线性生产双方道德风险均衡效用

模型	双方效用水平
完全信息	$EU_M = \alpha^2 - \alpha + \frac{1}{2} - \underline{U}_P$ $EU_P = \underline{U}_P$
单方信息 不对称	$EU_M = \alpha^2 - \alpha + \frac{1}{2} - \underline{U}_P$ $EU_P = \underline{U}_P$
双方信息 不对称	$EU_M = \alpha a_M^{***} + (1 - \alpha)a_P^{***} - \frac{1}{2}(a_M^{***})^2 - \frac{1}{2}(a_P^{***})^2 - \underline{U}_P$ $EU_P = \underline{U}_P$

二、线性生产双方道德风险结果分析

(一) 均衡努力

定义努力水平扭曲度（distortion）为双方信息不对称下线性生产双方

道德风险问题努力水平与其他信息结构情况下努力水平的差值。显然，单方信息不对称下的均衡努力水平与完全信息是一致的，不存在努力水平的扭曲现象；而双方信息不对称下双方道德风险委托人努力水平与完全信息或单方信息不对称下的努力水平相比，扭曲度函数为

$$D_M(r,\alpha) = (1-r)\alpha \tag{3.12}$$

代理人努力水平扭曲度函数为

$$D_P(r,\alpha) = r(1-\alpha) \tag{3.13}$$

由扭曲度函数可知，委托人与代理人努力水平的扭曲程度完全依赖于相对重要性因子和分享比例，任何一方努力水平损失的大小与对方所得到的分享比例成线性正比的关系。

(二) 最优契约

不失一般性，假设 $\underline{U}_P = 0$。不同信息结构下的最优契约如图3.1所示。

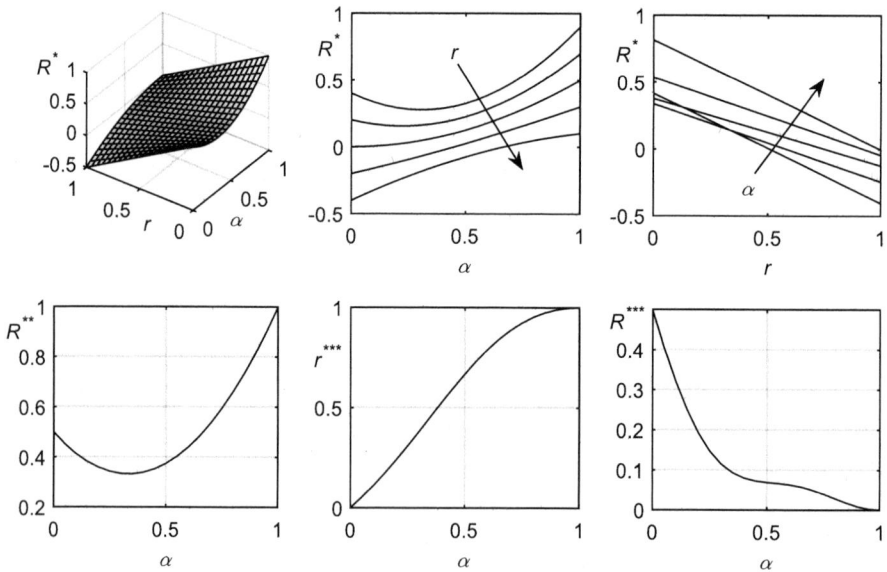

图 3.1　不同信息结构下最优契约关系曲线

从图3.1中可以看出：（1）在完全信息情况下，由于分享比例的任意性，使得最优契约存在无数种组合，给定相对重要性因子时，组合表现为一条

直线；给定分享比例时，在分享比例较小时，转移支付表现为相对重要性因子的凸曲线，而在分享比例较大时，转移支付表现为相对重要性因子的凹曲线。（2）在单方信息不对称情况下，由于分享比例为零，仅存在固定租金契约，转移支付唯一地取决于相对重要性因子，随着相对重要性因子的增加先递减后递增。（3）在双方信息不对称情况下，虽然存在分享契约，固定转移支付最终依然取决于相对重要性因子，且分享比例与固定转移支付随着相对重要性因子增加呈现相反的变化趋势。

(三) 效用水平

无论在哪种信息结构下，只要委托人享有委托权，代理人将得到仅等于其保留效用的最低效用；委托人的效用水平完全由相对重要性因子决定，如图3.2所示。

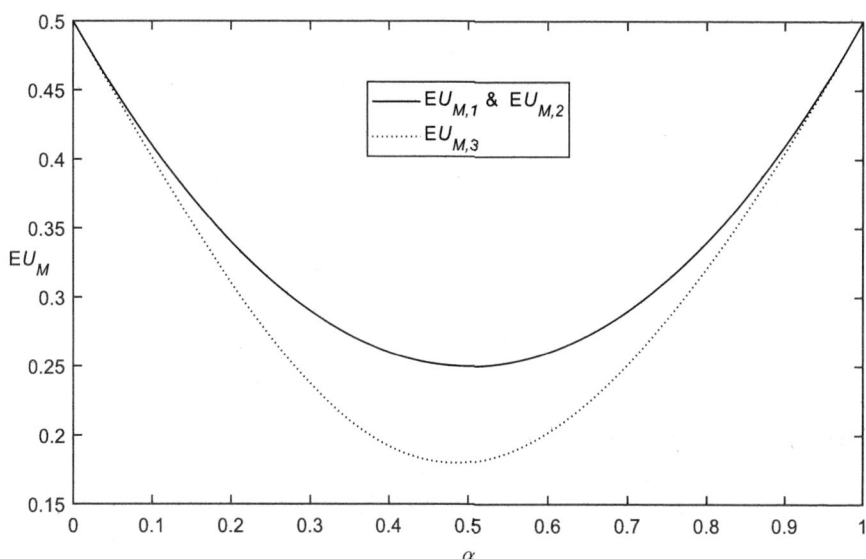

图 3.2　不同信息结构下效用水平曲线

从图3.2中可以看出：（1）委托人在完全信息与单方信息不对称两种情形下得到相等的效用水平；（2）在双方信息不对称情形下线性生产双方道德风险组织激励问题存在效用损失，如果双方在组织中发挥的作用比较接近时，即相对重要性因子在0.5附近，那么双方信息不对称下的效用损失会较为严重。

第三节 Cobb-Douglas生产函数下的双方道德风险

本节分析具有Cobb-Douglas生产函数的双方道德风险问题[104]。

一、协作型双方道德风险模型分析

假设委托人与代理人进行协作生产，这符合现实中大部分组织的特点。由于Cobb-Douglas生产函数（或生产技术）中不同投入要素共同实现某一产出水平，且投入要素间具有替代性[117]，因此，我们引入Cobb-Douglas生产函数，以双方努力水平作为投入要素，将协作生产模型化，于是有

$$f(a_M, a_P) = a_M^\alpha a_P^{1-\alpha} \tag{3.14}$$

其中，α 为相对重要性因子。

委托人的期望效用为

$$EU_M = V_M(Q_M) - C_M(a_M) = R + ra_M^\alpha a_P^{1-\alpha} - \frac{1}{2}a_M^2 \tag{3.15}$$

代理人的期望效用为

$$EU_P = V_P(Q_P) - C_P(a_P) = -R + (1-r)a_M^\alpha a_P^{1-\alpha} - \frac{1}{2}a_P^2 \tag{3.16}$$

按照表3.1建立不同信息结构下具体的规划问题模型，借助于非线性优化问题求解方法，可以得出不同信息结构下双方道德风险组织激励问题的均衡行为、最优契约及双方效用的显式结果，如表3.4、表3.5和表3.6所示。

表 3.4 完全信息下协作型双方道德风险显式结果

均衡特征	均衡结果
均衡努力	$a_M^* = \alpha^{\frac{1+\alpha}{2}}(1-\alpha)^{\frac{1-\alpha}{2}}$ $a_P^{***} = \alpha^{\frac{\alpha}{2}}(1-\alpha)^{\frac{2-\alpha}{2}}$
最优契约	$R^* = \frac{1+\alpha-2r^*}{2}\alpha^\alpha(1-\alpha)^{1-\alpha} - \underline{U}_P$ $\forall r^*$
效用水平	$EU_M = \frac{1}{2}\alpha^\alpha(1-\alpha)^{1-\alpha} - \underline{U}_P$ $EU_P = \underline{U}_P$

表 3.5 单方信息不对称下协作型双方道德风险显式结果

均衡特征	均衡结果
均衡努力	$a_M^{**} = \left\{ \frac{2\alpha}{1+\alpha} \left[(1-\alpha)^{\frac{1-\alpha}{1+\alpha}} - \frac{1}{2}(1-\alpha)^{\frac{2}{1+\alpha}} \right] \right\}^{\frac{1+\alpha}{2}}$ $a_P^{**} = (1-\alpha)^{\frac{1-\alpha}{1+\alpha}} \left\{ \frac{2\alpha}{1+\alpha} \left[(1-\alpha)^{\frac{1-\alpha}{1+\alpha}} - \frac{1}{2}(1-\alpha)^{\frac{2}{1+\alpha}} \right] \right\}^{\frac{2}{\alpha}}$
最优契约	$R^{**} = (a_M^{**})^{\alpha}(a_P^{**})^{(1-\alpha)} - \frac{1}{2}(a_P^{**})^2 - \underline{U}_P$ $r^{**} = 0$
效用水平	$EU_M = R^{**} - \frac{1}{2}(a_M^{**})^2$ $EU_P = \underline{U}_P$

表 3.6 双方信息不对称下协作型双方道德风险显式结果

均衡特征	均衡结果
均衡努力	$a_M^{***} = (r^{***}\alpha)^{\frac{1+\alpha}{2}} \left[(1-r^{***})(1-\alpha) \right]^{\frac{1-\alpha}{2}}$ $a_P^{***} = (r^{***}\alpha)^{\frac{\alpha}{2}} \left[(1-r^{***})(1-\alpha) \right]^{\frac{2-\alpha}{2}}$
最优契约	$R^{***} = (1-r^{***})(a_M^{***})^{\alpha}(a_P^{***})^{(1-\alpha)} - \frac{1}{2}(a_P^{***})^2 - \underline{U}_P$ $r^{***} = \frac{-(\alpha^2+\alpha) + \sqrt{(\alpha^2+\alpha)^2 + (2-4\alpha)(\alpha^2+\alpha)}}{2-4\alpha}$
效用水平	$EU_M = R^{***} + r^{***}(a_M^{***})^{\alpha}(a_P^{***})^{1-\alpha} - \frac{1}{2}(a_M^{***})^2$ $EU_P = \underline{U}_P$

由表3.4、表3.5和表3.6可知协作型双方道德风险组织激励问题的特点是：（1）完全信息与单方信息不对称下，均衡努力水平仅取决于相对重要性因子的大小，与最优契约无关；（2）完全信息下最优契约中的固定转移支付不仅取决于分享比例，还取决于相对重要性因子，而单方信息不对称下最优分享比例为零，双方信息不对称下最优分享比例完全由相对重要性因子决定，完全信息下与双方信息不对称下固定转移支付最终仅取决于相对重要性因子。因此，完全信息下最优分享比例是外生的，单方信息不对称下最优分享比例是固定的，双方信息不对称下最优分享比例是内生的；（3）不同信息结构下双方道德风险组织激励问题中，代理人的效用水平都等于其保留效用，单方信息不对称与双方信息不对称下委托人的效用水平仅取决于相对重要性因子，完全信息下委托人效用水平受到相对重要性因子与代理人保留效用的共同影响。

二、协作型双方道德风险结果分析

(一) 均衡努力

定义努力水平扭曲度（distortion）为双方信息不对称下双方道德风险问题努力水平与其他信息结构情况下努力水平的差值。与完全信息相比，双方道德风险委托人努力水平扭曲度函数为 $D_{M,1}(r,\alpha) = a_M^{***} - a_M^{*}$，代理人努力水平扭曲度函数为 $D_{P,1}(r,\alpha) = a_P^{***} - a_P^{*}$；与单方信息不对称相比，双方信息不对称下双方道德风险委托人努力水平扭曲度函数为 $D_{M,2}(r,\alpha) = a_M^{***} - a_M^{**}$，代理人努力水平扭曲度函数为 $D_{P,2}(r,\alpha) = a_P^{***} - a_P^{**}$。

由扭曲度函数可知，委托人与代理人努力水平的扭曲程度完全依赖于相对重要性因子和分享比例，四个函数如图3.3所示。

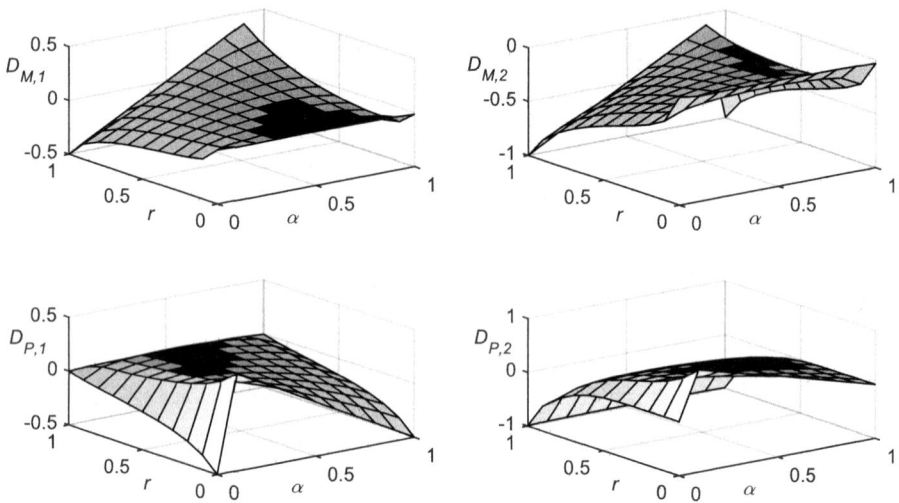

图 3.3　不同信息结构下努力水平扭曲度

图3.3揭示了均衡努力水平的扭曲规律，可以看出，努力水平扭曲存在正向扭曲和反向扭曲两种情况，扭曲程度受到相对重要性因子和分享比例的共同影响。此外，注意到在分享比例接近于0或1时扭曲度函数会发生某些异常变化。

(二) 最优契约

不失一般性，假设 $\underline{U}_P = 0$。在完全信息情况下的最优契约如图3.4所示，由于分享比例的任意性，使得最优契约存在无数种组合，给定相对重要性因子时组合表现为一条直线；在给定分享比例(转移支付)时，转移支付(分享比例)随着相对重要性因子呈现非线性变化形式。

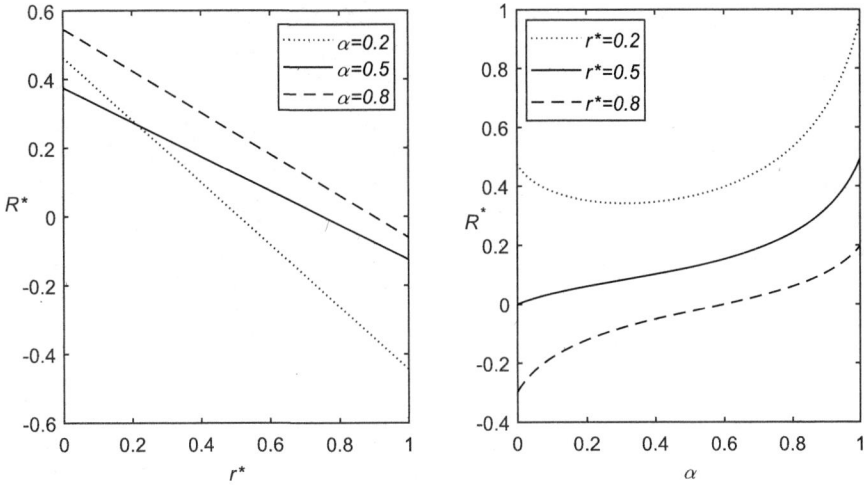

图 3.4 完全信息结构下最优契约关系曲线

在单方与双方不对称信息结构下的最优契约如图3.5所示。

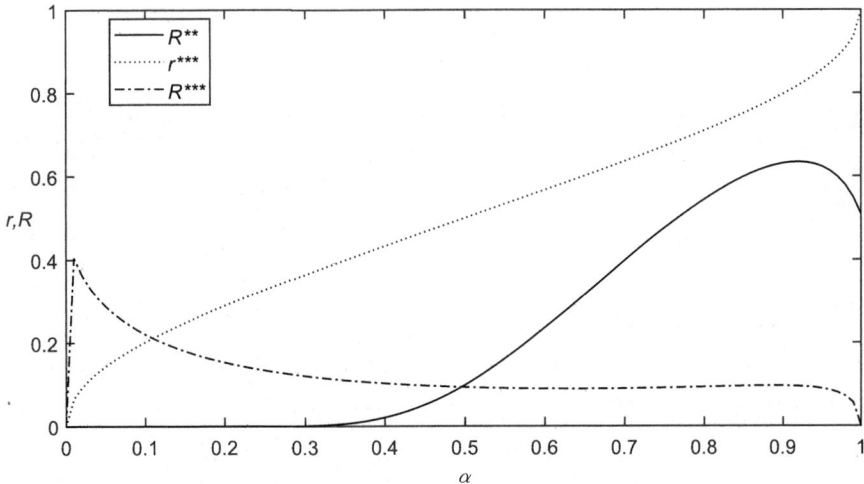

图 3.5 不对称信息结构下最优契约关系曲线

由图3.5可以看出，在单方信息不对称情况下，由于分享比例为零，仅存在固定租金契约，转移支付唯一地取决于相对重要性因子，随着相对重要性因子的增加先递增后递减；在双方信息不对称情况下，虽然存在分享契约，固定转移支付最终依然取决于相对重要性因子，且分享比例与固定转移支付随着相对重要性因子增加呈现相反的变化趋势。

(三) 效用水平

任何信息结构下，只要委托人享有委托权，代理人将仅得到等于其保留效用的最低效用；委托人的效用水平完全由相对重要性因子决定，如图3.6所示。

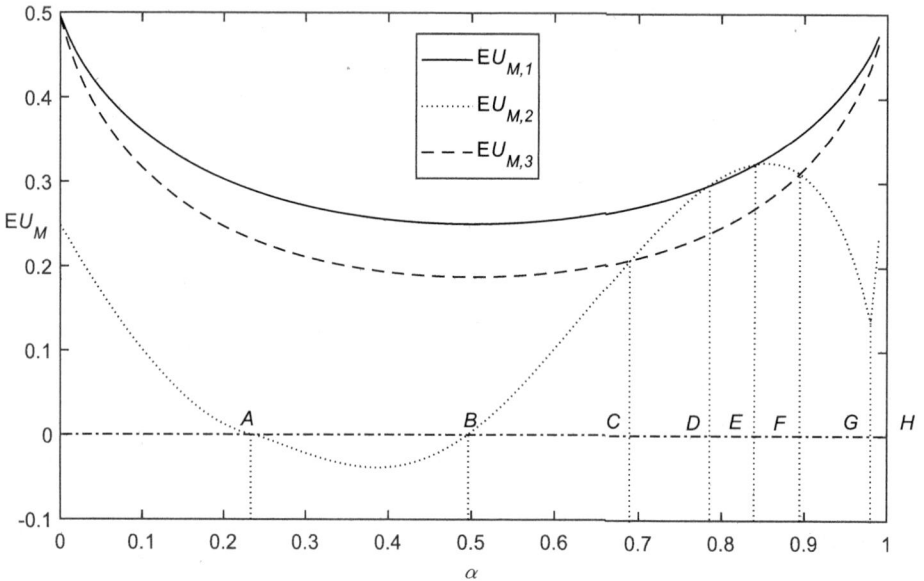

图 3.6   不同信息结构下效用水平曲线

从图3.6中可以看出：（1）委托人在完全信息下得到最高的效用水平，由于代理人得到其保留效用，因此，无论是单方信息不对称还是双方信息不对称都降低了组织总效用利水平（严格地说应是"都不会使组织总效用水平得到提高"）。（2）如果双方在组织中发挥的作用比较接近时，即相对重要性因子在0.5附近，那么双方信息不对称下的效用损失会较为严重。（3）单方信息不对称下委托人效用水平随着相对重要性因子的变化较为复杂，在 $\alpha \in [A, B]$ 时，委托人效用会出现负值情况，此时除非委托人保留效用低于某一负值情况，否则协作生产是无效的；在 $\alpha \notin [C, F]$ 时，单方信息不对称时的效用水平反而不如双方信息不对称时的效用水平，也就是说双方信息不对称有时并不见得是一件比单方信息不对称更糟的境况；在 $\alpha \in [D, E]$ 时，单方信息不对称协作生产带来的效用达到了完全信息下的水平；在 $\alpha \in [G, H]$ 时，单方信息不对称下委托人效用发生异常变化（得到无实际意义的复数值），可不予考虑。

在标准的委托代理激励理论中，无论是（单方）逆向选择问题，还是（单方）道德风险问题，都面临信息不对称导致的委托人与代理之间的利益冲突问题。（单方）逆向选择中委托人不得不在代理人的信息租金抽取与效率之间做出权衡，（单方）道德风险中委托人往往需要在代理人得到的风险溢金与激励效率（也可称为保险与激励）之间做出权衡[118]。而现有的关于双方道德风险问题的研究文献中，是否存在最优的线性或非线性契约以实施激励，以及这种最优契约的性质与规律成为研究的关注点，却较少分析不同信息结构下双方道德风险组织激励的效率配置及其影响因素。本节我们从一般化模型的角度测度分析了不同信息结构下协作型双方道德风险组织激励问题的特点与规律。

第四节　合作与非合作下的双方道德风险

本节分析合作与非合作下的双方道德风险问题[105]。

合作与非合作是两种不同的博弈结构，在合作条件下，双方协商确定某一契约以最大化双方总效用函数或组织产出绩效水平，然后双方分别在给定该契约前提下选择自己的最佳工作努力水平，以最大化个人期望效用函数；在非合作条件下，由双方中的某一方提出契约（假设由委托人提出契约），以最大化其自身效用水平，然后双方分别在给定的契约前提下选择自己的最佳工作努力水平。

一、合作与非合作双方道德风险规划模型

委托人与代理人之间存在的不对称信息，一方面会对资源配置集施加一定的限制，另一方面会对决策变量集施加一定的限制；而委托人与代理

人之间的不同博弈结构，使得合作与非合作条件下激励模型具有不同的目标函数。

根据一般化的分析框架，在不同博弈结构下双方道德风险组织激励模型中，双方面临的规划问题模型如表3.7所示。

表 3.7　不同博弈结构下的目标函数与约束条件

	非合作	合作
目标函数	$(R,r) \in \mathrm{argmax} EU_M$	$(R,r) \in \mathrm{argmax} EU_M + EU_P$
激励相容约束	$a_M \in \mathrm{argmax} EU_M$	$a_M \in \mathrm{argmax} EU_M$
	$a_P \in \mathrm{argmax} EU_P$	$a_P \in \mathrm{argmax} EU_P$
参与约束	$EU_P \geqslant \underline{U}_P$	$EU_M \geqslant \underline{U}_M, EU_P \geqslant \underline{U}_P$

表3.7中，合作条件下的目标函数采取了相加的形式，也可以采取相乘等其他形式。

根据双方道德风险基本分析框架，采用式(3.9)的线性生产函数，按照表3.7建立不同博弈结构下的规划问题模型，借助于非线性优化问题求解方法可以得出不同博弈结构下线性生产双方道德风险组织激励问题的均衡行为、最优契约及双方效用的显式结果，如表3.8和表3.9所示。

表 3.8　非合作博弈结构下线性生产双方道德风险配置结果

均衡特征	均衡结果
均衡努力	$\bar{a}_M = \bar{r}\alpha$ $\bar{a}_P = (1-\bar{r})(1-\alpha)$
最优契约	$\bar{r} = \frac{\alpha}{1-\alpha+\alpha^2}$ $\bar{R} = (1-\bar{r})[\alpha\bar{a}_M + (1-\alpha)\bar{a}_P] - \frac{1}{2}\bar{a}_P^2 - \underline{U}_P$
双方效用	$EU_M = \alpha\bar{a}_M + (1-\alpha)\bar{a}_P - \frac{1}{2}\bar{a}_M^2 - \frac{1}{2}\bar{a}_P^2 - \underline{U}_P$ $EU_P = \underline{U}_P$

根据双方道德风险基本分析框架，采用式(3.14)的协作型生产函数，按照表3.7建立不同博弈结构下的规划问题模型，借助于非线性优化问题求解方法同样可以得出不同信息结构下协作生产双方道德风险组织激励问题的均衡行为、最优契约及双方效用的显式结果，如表3.10和表3.11所示。

表 3.9   合作博弈结构下线性生产双方道德风险配置结果

均衡特征	均衡结果
均衡努力	$\hat{a}_M = \hat{r}\alpha$ $\hat{a}_P = (1-\hat{r})(1-\alpha)$
最优契约	$\hat{r} = \frac{\alpha^2}{1-2\alpha+2\alpha^2}$ $\hat{R} \in [\underline{U}_M - \hat{r}[\alpha\hat{a}_M + (1-\alpha)\hat{a}_P] + \frac{1}{2}\hat{a}_M^2,$ $(1-\hat{r})[\alpha\hat{a}_M + (1-\alpha)\hat{a}_P] - \frac{1}{2}\hat{a}_P^2 - \underline{U}_P]$
双方效用	$E\hat{U}_M = \hat{R} + \hat{r}[\alpha\hat{a}_M + (1-\alpha)\hat{a}_P] - \frac{1}{2}\hat{a}_M^2$ $E\hat{U}_P = -\hat{R} + (1-\hat{r})[\alpha\hat{a}_M + (1-\alpha)\hat{a}_P] - \frac{1}{2}\hat{a}_P^2$

表 3.10   非合作博弈结构下协作生产双方道德风险配置结果

均衡特征	均衡结果
均衡努力	$\tilde{a}_M = (\tilde{r}\alpha)^{\frac{1+\alpha}{2}}[(1-\tilde{r})(1-\alpha)]^{\frac{1-\alpha}{2}}$ $\tilde{a}_P = (\tilde{r}\alpha)^{\frac{\alpha}{2}}[(1-\tilde{r})(1-\alpha)]^{\frac{2-\alpha}{2}}$
最优契约	$\tilde{r} = \frac{-(\alpha^2+\alpha)+\sqrt{(\alpha^2+\alpha)(\alpha-2)(\alpha-1)}}{2-4\alpha}, (若\alpha = \frac{1}{2}, \tilde{r} = \frac{1}{2})$ $\tilde{R} = (1-\tilde{r})\tilde{a}_M^\alpha \tilde{a}_P^{1-\alpha} - \frac{1}{2}\tilde{a}_P^2 - \underline{U}_P$
双方效用	$E\tilde{U}_M = \tilde{R} + \tilde{r}\tilde{a}_M^\alpha \tilde{a}_P^{1-\alpha} - \frac{1}{2}\tilde{a}_M^2$ $E\tilde{U}_P = \underline{U}_P$

表 3.11   合作博弈结构下协作生产双方道德风险配置结果

均衡特征	均衡结果
均衡努力	$\breve{a}_M = (\breve{r}\alpha)^{\frac{1+\alpha}{2}}[(1-\breve{r})(1-\alpha)]^{\frac{1-\alpha}{2}}$ $\breve{a}_P = (\breve{r}\alpha)^{\frac{\alpha}{2}}[(1-\breve{r})(1-\alpha)]^{\frac{2-\alpha}{2}}$
最优契约	$\breve{r} = \frac{-(\alpha^2+\alpha)+\sqrt{(\alpha^2+\alpha)(\alpha-2)(\alpha-1)}}{2-4\alpha}, (若\alpha = \frac{1}{2}, \breve{r} = \frac{1}{2})$ $\breve{R} \in [\underline{U}_M - \breve{r}\breve{a}_M^\alpha \breve{a}_P^{1-\alpha} + \frac{1}{2}\breve{a}_M^2, (1-\breve{r})\breve{a}_M^\alpha \breve{a}_P^{1-\alpha} - \frac{1}{2}\breve{a}_P^2 - \underline{U}_P]$
双方效用	$E\breve{U}_M = \breve{R} + \breve{r}\breve{a}_M^\alpha \breve{a}_P^{1-\alpha} - \frac{1}{2}\breve{a}_M^2$ $E\breve{U}_P = -\breve{R} + (1-\breve{r})\breve{a}_M^\alpha \breve{a}_P^{1-\alpha} - \frac{1}{2}\breve{a}_P^2$

二、合作与非合作双方道德风险对比分析

(一) 激励结果

由表3.8、表3.9、表3.10和表3.11可知，无论是线性生产还是协作生产，

无论是非合作博弈还是合作博弈，最优契约、均衡努力、双方效用都受到相对重要性因子的影响。其中，最优契约产出份额完全由相对重要性因子决定；均衡努力水平由产出份额和相对重要性因子共同确定；最优契约固定转移支付由产出份额、相对重要性因子、双方均衡努力水平共同确定，并受到双方保留效用的影响；双方效用由产出份额、相对重要性因子、双方均衡努力和固定转移支付共同确定。在协作生产条件下，非合作博弈与合作博弈具有完全相同的最优契约产出份额和均衡努力水平；非合作博弈中，委托人拥有完全剩余索取权，代理人期望效用等于其保留效用；合作博弈中，委托人与代理人共同拥有剩余索取权。

(二) 均衡努力

定义努力水平扭曲度（distortion）为非合作下双方道德风险问题中某一方努力水平与双方合作下其努力水平的差值。易知，协作生产方式下不存在努力水平的扭曲。线性生产方式下，委托人与代理人的扭曲度分别为

$$D_M = \alpha(\hat{r} - \bar{r}) \tag{3.17}$$

$$D_P = (1-\alpha)(\bar{r} - \hat{r}) \tag{3.18}$$

通过数值模拟，可得到双方均衡努力水平扭曲度随相对重要性因子变化而变动的规律，如图3.7所示。

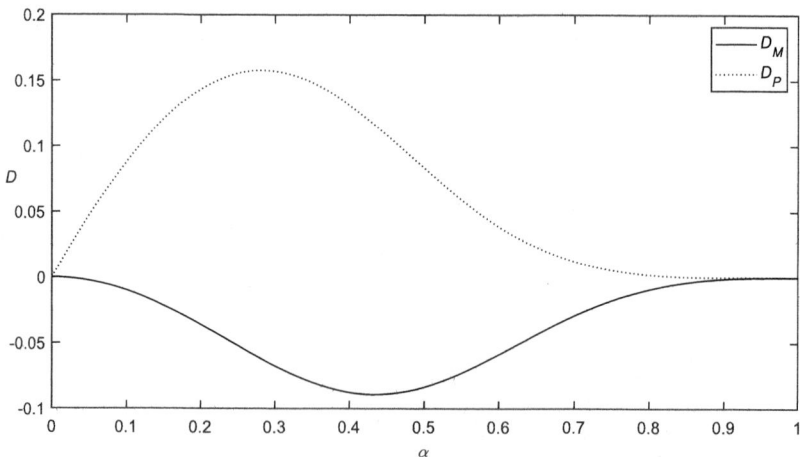

图 3.7　线性生产方式下努力水平扭曲度

由图3.7可知，所在线性生产方式下，在非合作博弈中委托人的均衡努力水平不会小于其在合作博弈中的均衡努力水平，而代理人努力水平不会大于其在合作博弈中的均衡努力水平；双方努力水平扭曲方向相反，扭曲程度都随着相对重要性因子增加呈现先增加后减弱的趋势；D_M 约在点$(0.43, -0.089)$处取得极小值，D_P约在点$(0.28, 0.158)$处取得极大值；当相对重要性因子较大时，双方的努力水平扭曲度都非常小，且不断趋近于0。线性生产方式下，由于非合作博弈中委托人拥有委托权，其努力水平不会向下扭曲，而代理人的努力水平不会向上扭曲，这可以看作是委托权的激励效应。然而，在协作生产方式下，委托权的激励效应消失了。可见，委托权的激励效应除受到相对重要性因子α的影响外，还与委托人与代理人的双方协作程度有关。

(三) 最优契约

不失一般性，假设$\underline{U}_M = 0, \underline{U}_P = 0$。不同博弈结构下的最优契约如图3.8所示。

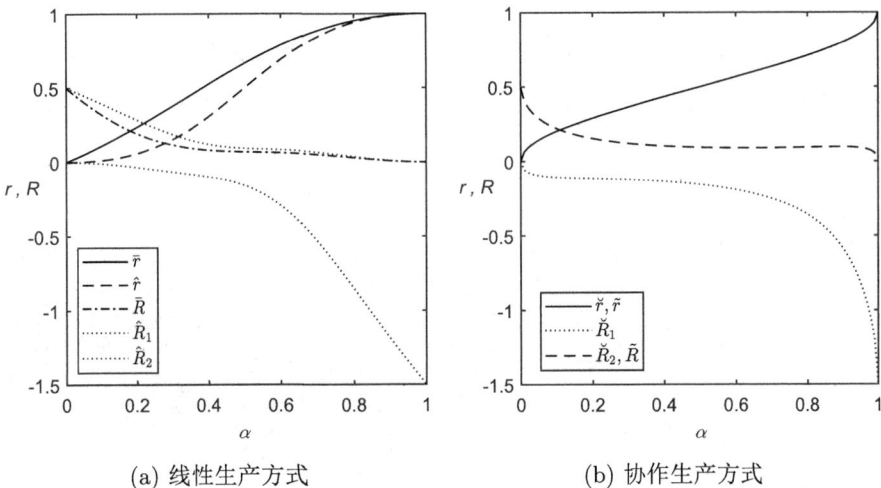

(a) 线性生产方式 (b) 协作生产方式

图 3.8 不同博弈结构下线性与协作生产方式最优契约曲线

由图3.8(a)中可以看出线性生产方式下最优契约随着相对重要性因子的变化规律：（1）无论是非合作博弈还是合作博弈，最优契约中委托人的产出份额随着相对重要性因子的增加而增大，但是合作博弈下的委托人产出份额不会大于非合作博弈下的产出份额。（2）固定转移支付具有与产出份额相反的变动趋势。在合作博弈中，固定转移支付位于两条虚线$\hat{R}_1$和$\hat{R}_2$之间，显然其具体大小受到双方契约谈判能力及话语权的影响；在非合作博弈中，固定转移支付位于合作博弈固定转移支付上限曲线的下方，且不会小于零。由图3.8(b)可以看出协作生产方式下最优契约随着相对重要性因子的变化规律：（1）非合作博弈与合作博弈中完全相同的最优契约产出份额随着相对重要性因子的增加而增大，变化速度为先递减而后递增，拐点位于$(0.5, 0.5)$处。（2）固定转移支付同样具有与产出份额相反的变动趋势。在合作博弈中，固定转移支付位于两条曲线$\breve{R}_1$和$\breve{R}_2$之间；非合作博弈中，固定转移支付与合作博弈固定转移支付上限曲线重合，且完全在横轴上方。

无论是线性生产还是协作生产，无论是合作博弈还是非合作博弈，每一方的产出份额都随着各自的相对重要性的增加而增加，即有$\frac{\partial r}{\partial \alpha} > 0$（委托人），$\frac{\partial r}{\partial (1-\alpha)} > 0$（代理人），这说明成员在组织中越重要，其占有的剩余份额应该越大。

(四) 效用水平

同样地，假设$\underline{U}_M = 0, \underline{U}_P = 0$，则不同博弈结构下的效用水平如图3.9所示。

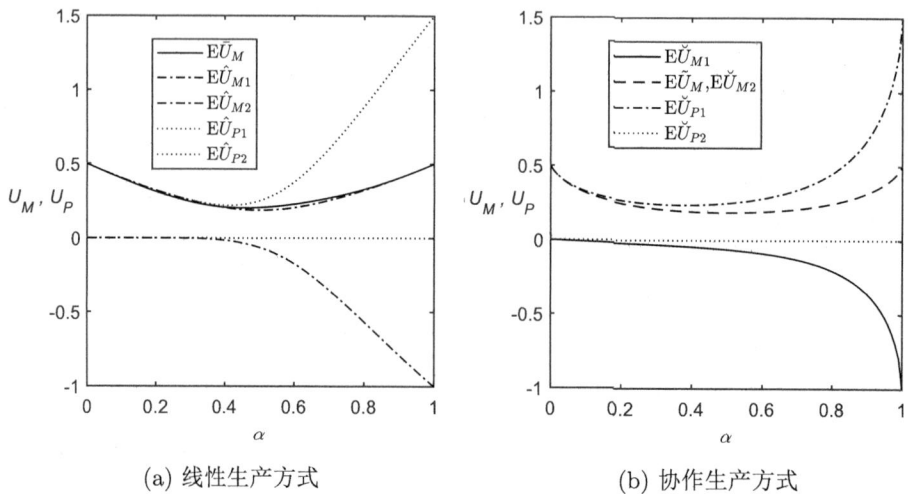

(a) 线性生产方式   (b) 协作生产方式

图 3.9 不同博弈结构下线性与协作生产效用水平曲线

由图3.9(a)可以看出线性生产方式下效用水平随着相对重要性因子的变化规律：（1）无论是非合作博弈还是合作博弈，委托人的效用水平随着相对重要性因子的增加呈现先降低而后增加的规律，非合作博弈委托人效用水平与合作博弈中的委托人上限效用水平非常接近。（2）在非合作博弈中，代理人得到其保留效用，效用水平为零，与合作博弈中代理下限效用水平相同，而合作博弈中代理上限效用水平也随着相对重要性因子的增加呈现先降低而后增加的现象。由图3.9(b)可以看出协作生产方式下效用水平随着相对重要性因子的变化规律：（1）非合作博弈中委托人的效用水平曲线与合作博弈中委托人的效用水平上限曲线重合，呈现浴盆曲线形状，而下限曲线则随着相对重要性因子的增加而不断下降，且下降速度递增。（2）非合作博弈中代理人仅得到其保留效用，零效用水平线与合作博弈中代理人的下限效用水平线重合，合作博弈中代理人的上限效用水平曲线随着相对重要性因子的增加先是下降而后增加，在$\alpha = 1$时取得最大值1.5。

考虑不同生产方式、不同博弈结构下的组织总效用，即双方期望效用之和，如图3.10所示。

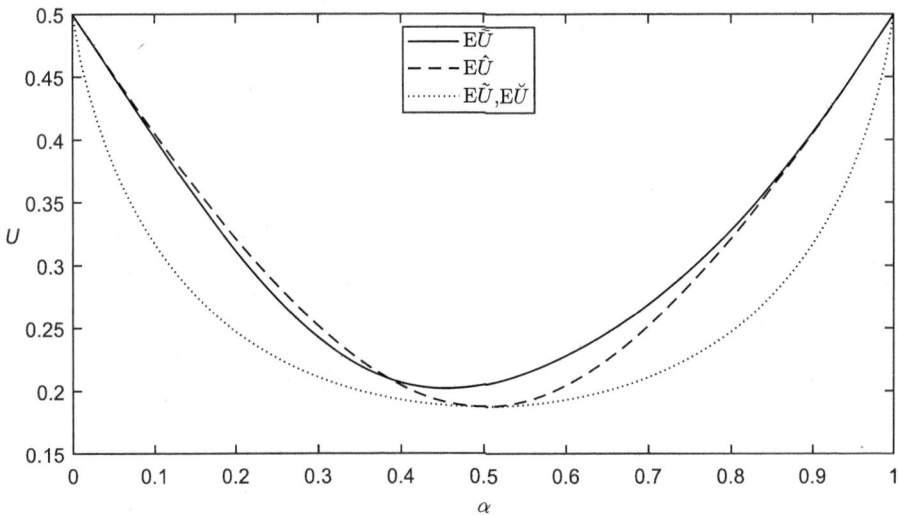

图 3.10　不同博弈结构总效用水平曲线

由图3.10可以看出：（1）不同生产方式、不同博弈结构下的组织总效用都随着相对重要性因子的增加先降低而后不断增加，并且协作生产方式下合作与非合作的组织总效用是无差异的；线性生产合作博弈与协作生产方式下的组织总效用曲线以$\alpha = 0.5$的垂线左右对称，都在$\alpha = 0.5$时达到最小值0.1875；线性生产非合作博弈下的组织总效用曲线在$\alpha = 0.45$时达到最小值0.202。（2）在不同生产方式、不同博弈结构中，协作生产方式下组织总效用是最低的；在线性生产方式下，当$\alpha \in [0, 0.39]$时，非合作博弈中的组织总效用小于等于合作博弈中的组织总效用，即$E\bar{U} \leqslant E\hat{U}$，而当$\alpha \in [0.39, 1]$时，合作博弈中的组织总效用小于等于非合作博弈中的组织总效用，即$E\hat{U} \leqslant E\bar{U}$。

在协作生产方式下，谁拥有委托权仅影响到双方利益分配而不会影响到组织总效用。尽管"协作"从技术角度强调组织成员相辅相成、相互促进，"合作"从战略角度强调组织成员的利益诉求一致，但是在协作生产方式下，协作完全达到了合作的效果。由于不同博弈结构中，在协作生产方式下组织总效用是最低的，说明如果组织成员努力水平的边际产出受到其他成员的影响，无论是否合作，并不能产生"$1 + 1 > 2$"的协同效应；相反，在线性生产方式下，组织成员努力水平的边际产出相互独立，这种非依赖性带来了较大的组织总效用。在线性生产方式下，如果双方相对重要性因子差距非常大，合作与否并不能带来更多的组织总效用；只有在双方相对重要性因子具有一定差距时，合作才具有优势；而在双方相对重要性因子较为接近时，非合作却能创造较高的组织总效用。

本节给出了不同博弈结构下的双方道德风险规划模型，进而引入线性生产与协作生产两种具体的生产方式，求解组织激励结果，对比分析不同博弈结构、不同生产方式下的最优契约、均衡努力及效用水平及相对重要性因子所带来的影响。

第四章　风险规避与双方道德风险

第一节　风险态度

我们的世界充满各种不确定性，经济主体在做决策的时候往往都会涉及不确定性。不确定性是指在一定时间范围内事物的特征和状态不可充分地、准确地加以观察、测定和预见[119-121]。对于不确定性，通常假定决定者虽然不知道某种最终结果是否会发生，但是可能知道不同结果出现的概率，例如，我们不能预知也无法控制明天下雨或不下雨，但是我们可以通过天气预报知道明天下雨的可能性有多大。

人们习惯用"风险"这个词来表达可能发生的不利事件和各种灾害。在保险学中，风险通常被定义为潜在损失的可能性或不确定后果之间的差异程度等；在投资分析中，由于损失与盈利总是相互呼应，风险又常被分为纯粹风险和投机风险两种。从风险的属性来说，有人主张风险应该是客观存在的，因而应该被客观地度量，也有人强调风险是一个因人而异的主观概念。尽管对风险的定义多种多样，对风险的理解千差万别，但是从对结果的不可预见性而言，风险与不确定性紧密联系在一起。

在传统的决策理论中，风险和不确定性被严格区分为是否可以客观地获得关于某些自然状态（这里自然状态表示人们无法控制的外在因素）的概率，能够获得自然状态概率的决策称为风险决策，不能获知自然状态概率的决策称为不确定性决策。本书采用的观点认为自然状态的不确定性是导致风险的客观和外部原因，同时也是可以导致风险的内在原因，比如本书中团队生产中对方的行为活动，由对方行为活动导致的潜在损失被称为道德风险。自然状态的不确定性与人的行为相结合蕴含着某种后果。这些不确定性的后果有好有坏，对每个人的影响也可能不一样。由此可见，风险与三个因素直接有关：自然状态的不确定性、人的主观行为以及两者结合所蕴含的潜在后果。在讨论风险以及对它进行度量时，可以从不同角度特别地强调某个因素。

处理不确定性的方法源自冯·诺依曼(von Neumann)和摩根斯坦(Morgenstern)的开创性工作。冯·诺依曼和摩根斯坦基于对不确定性条件下的偏好的研究，证明了预期效用函数的存在性。这类效用函数具有良好的性质，被称为冯·诺依曼-摩根斯坦效用函数(von Neumann-Morgenstern utility function, VNM utility function)。以下借助VNM效用函数来刻画决策者对待风险的态度。

假设某个决策者面临这样的不确定性结果：以p_1的概率获得财富w_1，以p_2的概率获得财富w_2，……以p_i的概率获得财富w_i，……以p_n的概率获得财富w_n。形象地称这样的不确定性为抽彩(lottery)或赌局(gamble)，以$g = (p_1 \circ w_1, p_2 \circ w_2, \cdots, p_n \circ w_n)$表示。那么，参与这一赌局获得的财富期望值为$\mathrm{E}(g) = \sum_{i=1}^{n} p_i w_i$。假设决策者有两个选择：要么接受赌局$g$，要么得到一笔数额等于$\mathrm{E}(g)$的确定性财富。以$u(\cdot)$表示决策者的VNM效用函数，那么决策者对两个选择的评价如下：

$$u(g) = \sum_{i=1}^{n} p_i u(w_i) \tag{4.1}$$

$$u(\mathrm{E}(g)) = u(\sum_{i=1}^{n} p_i w_i) \tag{4.2}$$

式(4.1)是赌局的VNM效用，式(4.2)是赌局期望值的VNM效用。追求期望效用最大化的决策者自然会偏好期望效用大的那个选择。

对于某个决策者而言，如果$u(\mathrm{E}(g)) > u(g)$，那么，该决策者关于g是风险厌恶的，亦称风险规避；

对于某个决策者而言，如果$u(\mathrm{E}(g)) = u(g)$，那么，该决策者关于g是风险中性的；

对于某个决策者而言，如果$u(\mathrm{E}(g)) < u(g)$，那么，该决策者关于g是风险偏好的。

当一个人偏好一笔和赌局期望值相同的确定财富而不是赌局本身时，就是风险厌恶的；当然，也有人会无视风险甚至乐于冒险，那么就是风险偏好的。每一种对风险的态度都和特定的VNM效用函数的性质相对应，当且仅当VNM效用函数在相应的财富区间上是严格凹、线性或者严格凸[1]的时候，行为人对赌局的态度就是风险厌恶、风险中性或风险偏好。

考虑一个只包含两种结果的简单赌局，

$$g \equiv (p \circ w_1, (1-p) \circ w_2) \tag{4.3}$$

假设个人要在两种方案之间选择：一笔等于$E(g) = pw_1 + (1-p)w_2$的确定收入，或者赌局本身。他对两种方案的评价如下：

$$u(g) = pu(w_1) + (1-p)u(w_2) \tag{4.4}$$

$$u(E(g)) = u(pw_1 + (1-p)w_2) \tag{4.5}$$

如图4.1，在$R = (w_1, u(w_1))$和$S = (w_2, u(w_2))$两点之间有一条弦，弦上面的点是这两点的凸组合。设点T是点R和S的某个凸组合，满足$T = pR + (1-p)S$。那么，点T的横坐标为$E(g)$，纵坐标为$u(g)$；同时，可以利用函数$u(w)$在纵轴上确定$u(E(g))$的位置。在图中，VNM效用函数是严格凹向"财富轴"的，而此时，有$u(E(g)) > u(g)$，因此，该个体是一个风险厌恶者。

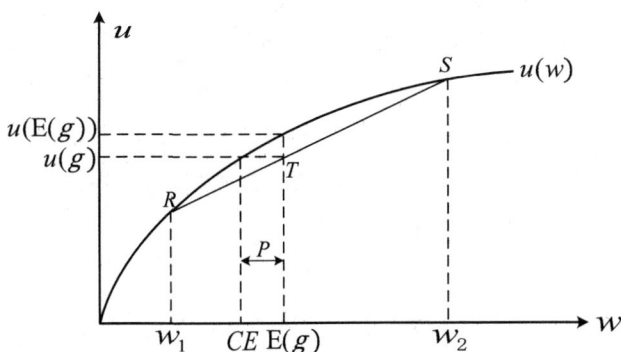

图 4.1　风险厌恶者的VNM效用函数

---

[1]此处使用了国外学者的称呼，国内有关函数凹凸的定义与国外相反。

在图4.1中，个体偏好一笔确定性的收入E(g)而不是赌局本身，于是可以向他提供一笔确定性的财富，使得该个体认为它和赌局g无差异。我们把这笔财富叫做赌局g的确定性等价(certainty equivalent)。当一个人是风险厌恶者且严格偏好更多而非更少钱的时候，很容易证明确定性等价要少于赌局的期望值。实际上，风险厌恶者愿意"付出"一笔正的财富来避免赌局所包含的内在风险，风险溢价或风险升水衡量了这种避险的支付意愿的大小。图4.1给出了风险溢价和确定性等价。二者的定义如下：

关于财富水平的任意简单赌局的确定性等价CE是一笔确定性的财富，使得$u(g) \equiv u(CE)$；风险溢价P是一笔财富，使得$u(g) \equiv u(\mathrm{E}(g) - P)$，进而有$P \equiv \mathrm{E}(g) - CE$。

在知道决策者风险厌恶的情况下，如何度量其风险厌恶的程度呢？阿罗(Arrow, 1970)和普拉特(Pratt, 1964)给出了一个风险测度的指标，称为Arrow-Pratt绝对风险规避度，

$$\rho(w) \equiv \frac{-u''(w)}{u'(w)} \tag{4.6}$$

实际上，这个指标的符号直接地给出了决策者对风险的基本态度：$\rho(w)$为正、负或零，分别意味着决策者是风险厌恶、风险偏好或者是风险中性的。该指标值越大的决策者，呈现出越厌恶风险的特征，确定性等价更低，并且愿意接受较小的赌局。

通常情况下，$\rho(w)$是一个局部的风险厌恶测度，它可能会随着财富水平的不同而有所变化。递减的绝对风险厌恶度往往是合理的；不变的绝对风险厌恶度在理论分析时较为方便，但它意味着人们不会在财富水平较高的时候接受一个小的赌局；递增的绝对风险厌恶度表现出的行为有些奇怪，财富越多，越不愿意接受小的赌局。在本书的讨论中，会分析委托人与代理人为风险中性或风险厌恶（即风险规避）的情形，对于风险厌恶的度量，使用不变的绝对风险厌恶度。

第二节 双方不确定性下的双方道德风险

在委托-代理理论研究的道德风险问题中，委托人无法观察或无法验证代理人的努力水平，从而在委托人与代理人之间存在信息差距，出现信息

不对称现象，导致委托人面临代理生产产出水平的不确定性。如果在努力水平和产出水平之间的映射是完全确定的，那么委托人或第三者就可以毫无困难地从观察到的产出中推断出代理人的努力水平。即使这个努力水平不能直接观察到，也可以被间接契约化，因为产出本身是可以观测和可以验证的。努力水平的不可观测性不会给委托人与代理人达成协议的能力施加任何真正的约束，他们的利益冲突将不需要任何成本就可以解决[122]。然而，道德风险问题中委托人面临的不确定性是一种内生不确定性，因为不同的自然状态的概率以及产出水平明显依赖于代理人的努力水平，已经实现的产出水平仅仅只是代理人行为的一个噪音信号。这一不确定性是经典的道德风险问题研究的关键所在[123]。

导致道德风险的不确定性在委托人与代理人间是不对称的，对于委托人来说，在产出前面临的不确定性是一种内生的不确定性，并且在产出实现后，依然无法准确了解代理人的努力水平大小或外界环境因素的好坏程度；对于代理人来说，在产出实现前面临的是外生的不确定性，并且在产出实现后，他可以通过自己努力程度和产出水平推断出外界环境因素的好坏程度。如果对委托代理过程施加新的外生不确定性，就会出现双方不确定性下的道德风险问题。双方不确定性下的道德风险问题在现实中是非常常见的，比如风险投资中，投资者不仅面临着创业者的努力程度、未来市场及价格的不确定性共同决定的企业销售业绩，甚至二者对新技术的实际效果都没有充分把握，于是双方同时面临由新技术所带来的影响企业未来绩效水平的额外不确定性；在企业股东与经理之间也存在这种双方不确定性下的道德风险问题，股东不仅面临由经理的努力水平与外部市场环境共同决定的企业绩效水平的不确定性，而且企业股东与经理还共同面临来自企业本身竞争力的不确定性；此外，汽车租赁公司与租赁者之间、企业与销售员之间等存在道德风险的大多数情形中，双方往往会共同面对许多新的不确定性因素，这些不确定性因素都影响到随机的产出。在委托人与代理人交易过程中，存在的各种内生不确定性和外生不确定性因素是导致各种风险的主要原因，尤其是道德风险的根源。

本节在经典道德风险模型[122]基础上，研究双方同时面临不确定性的道德风险问题，对现实中这一类问题做出分析，揭示存在的规律与特点，为契约设计、机制安排、风险防范等提供理论指导[124]。

一、双方不确定性下的道德风险模型

假设委托人与代理人双方面临的外生不确定性为委托人的资产类型b，$b \in B = \{\underline{b}, \overline{b}\}$，其中，$\underline{b} < \overline{b}$，不失一般性，认为$\underline{b}$为好，$\overline{b}$为差，且$b = \underline{b}$的概率为$r$，$b = \overline{b}$的概率为$1 - r$。委托人将资产委托给代理人进行生产，以获得连续的产出水平$\tilde{q}$（产量或其他可度量绩效变量）。假设代理人有价值的努力水平e可以取两个可能的值，此处标准化为一个零努力水平和正努力水平：$e \in \{0, 1\}$。付出努力e意味着代理人的一个值为$\Psi(e)$的负效用，其中，$\Psi(0) = 0, \Psi(1) = \Psi$。代理人从委托人处得到一个转移支付$t(q)$，其效用函数$U_A$在货币和努力之间是可分的，即：$U_A = u(t) - \Psi(e)$，$u(\cdot)$是递增、凹的。假设产出水平$\tilde{q}$的分布是定义在区间$[\underline{q}, \overline{q}]$上的一个累积概率函数$F(\cdot|e, b)$，这个分布以代理人的努力水平和委托人的资产类型为条件，记$f(\cdot|e, b)$为与该分布相对应的概率密度函数。委托人凭借资产b得到q单位商品的效用为$S(q, b)$，其中$S'_q(q, b) > 0$，$S''_q(q, b) < 0$，$S'_b(q, b) < 0$，$S(0, b) = 0$，另外，我们假设Spence-Mirrlees条件$S''_{qb} < 0$满足。委托人的效用函数为：$U_P = S(q, b) - t(q)$。

博弈时序如图4.2所示，其中P表示代理人，A表示委托人。在博弈时序中，委托人无法观察到代理人的努力水平；委托人与代理人都只有在产出实现后才能获知委托人的资产类型，双方同时面临着不确定性；假设委托人拥有完全的谈判控制权，契约由委托人提供。

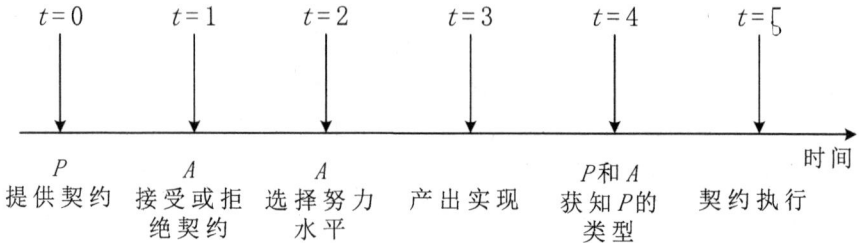

图 4.2　不确定情况下的道德风险博弈时序

二、双方不确定性下的道德风险模型分析

在委托人与代理人双方同时面临不确定性的情况下激励一个正努力水平的契约必须满足激励约束：

$$r \int_{\underline{q}}^{\overline{q}} u(t(q))f(q|1,\underline{b})\mathrm{d}q + (1-r)\int_{\underline{q}}^{\overline{q}} u(t(q))f(q|1,\overline{b})\mathrm{d}q - \Psi$$
$$\geqslant r \int_{\underline{q}}^{\overline{q}} u(t(q))f(q|0,\underline{b})\mathrm{d}q + (1-r)\int_{\underline{q}}^{\overline{q}} u(t(q))f(q|0,\overline{b})\mathrm{d}q \tag{4.7}$$

以及参与约束：

$$r \int_{\underline{q}}^{\overline{q}} u(t(q))f(q|1,\underline{b})\mathrm{d}q + (1-r)\int_{\underline{q}}^{\overline{q}} u(t(q))f(q|1,\overline{b})\mathrm{d}q \geqslant 0 \tag{4.8}$$

风险中性的委托人的问题可以写成如下规划问题：

$$\max_{t(q)} r \int_{\underline{q}}^{q} (S(q,\underline{b})-t(q))f(q|1,\underline{b})\mathrm{d}q + (1-r)\int_{\underline{q}}^{\overline{q}} (S(q,\overline{b})-t(q))f(q|1,\overline{b})\mathrm{d}q \tag{4.9}$$

$s.t.$式(4.7)和式(4.8)。

记λ和μ分别为式(4.7)和式(4.8)的乘子，委托人面临的规划问题的拉格朗日函数可以写为：

$$L(q,t) = r(S(q,\underline{b})-t)f(q|1,\underline{b}) + (1-r)(S(q,\overline{b})-t)f(q|1,\overline{b})+$$
$$\lambda ru(t)[f(q|1,\underline{b})-f(q|0,\underline{b})] + (1-r)u(t)[f(q|1,\overline{b})-f(q|0,\overline{b})]-\Psi+$$
$$\mu ru(t)f(q|1,\underline{b}) + (1-r)u(t)f(q|1,\overline{b}) \tag{4.10}$$

对t点逐点优化得到：

$$\frac{1}{u'(t^{SB}(q))} = \mu + \lambda\Big[1 - \frac{rf(q|0,\underline{b}) + (1-r)f(q|0,\overline{b})}{rf(q|1,\underline{b}) + (1-r)f(q|1,\overline{b})}\Big] \tag{4.11}$$

其中，$t^{SB}(q)$表示次优的转移支付。

由式(4.11)可知，资产类型是否进入委托人的效用函数并不影响最优的契约设计。

将式(4.11)乘以$rf(q|1,\underline{b}) + (1-r)f(q|1,\overline{b})$并取期望值，我们得到如下结果：

$$\mu = \mathrm{E}_{\tilde{q}}\Big(\frac{rf(q|1,\underline{b}) + (1-r)f(q|1,\overline{b})}{u'(t^{SB}(\tilde{q}))}\Big) = \mathrm{E}_{\tilde{q}}\Big(\frac{1}{u'(t^{SB}(\tilde{q}))}\Big) > 0 \tag{4.12}$$

其中，$E_{\tilde{q}}(\cdot)$是对应于由努力e^{SB}激励出来的产出的概率分布的期望算子。

由式(4.12)可知，参与约束是紧的。

最后，利用μ的表达式，将它代入式(4.11)，并乘以$[rf(q|1,\underline{b}) + (1-r)f(q|1,\overline{b})]u(t^{SB}(q))$，我们得到：

$$\lambda[rf(q|1,\underline{b}) + (1-r)f(q,|1,\overline{b}) - rf(q|0,\underline{b}) - (1-r)f(q|0,\overline{b})]u(t^{SB}(q))$$
$$= [rf(q|1,\underline{b}) + (1-r)f(q,|1,\overline{b})]u(t^{SB}(q))\left[\frac{1}{u'(t^{SB}(q))} - E_{\tilde{q}}\left(\frac{1}{u'(t^{SB}(\tilde{q}))}\right)\right]$$

$$(4.13)$$

在区间$[\underline{q},\overline{q}]$上积分，并考虑到条件：

$$\lambda\Bigg(\int_{\underline{q}}^{\overline{q}}\Big\{\big[rf(q|1,\underline{b}) + (1-r)f(q|1,\overline{b}) -$$
$$rf(q|0,\underline{b}) - (1-r)f(q|0,\overline{b})\big]u(t^{SB}(q))\Big\}\mathrm{d}q - \Psi\Bigg) = 0$$

$$(4.14)$$

我们得到：

$$\lambda\Psi = \mathrm{Cov}\left(u(t^{SB}(\tilde{q})), \frac{1}{u'(t^{SB}(\tilde{q}))}\right)$$

$$(4.15)$$

因为$u(\cdot)$和$u'(\cdot)$在相反的方向上变化，所以$\lambda \geqslant 0$。只有当$t^{SB}(q)$是一个常数时，$\lambda = 0$，但是此时必须破坏激励相容约束。所以，我们得到$\lambda > 0$是必要的。

将式(4.12)和式(4.14)代入式(4.11)得：

$$\frac{1}{u'(t^{SB}(q))} = E_{\tilde{q}}\left(\frac{1}{u'(t^{SB}(\tilde{q}))}\right) + \mathrm{Cov}\left(u(t^{SB}(\tilde{q})), \frac{1}{u'(t^{SB}(\tilde{q}))}\right) \times$$
$$\left[1 - \frac{rf(q|0,\underline{b}) + (1-r)f(q|0,\overline{b})}{rf(q|1,\underline{b}) + (1-r)f(q|1,\overline{b})}\right]/\Psi$$

$$(4.16)$$

由于$u(\cdot)$是递增、凹的，有$u'(\cdot) > 0$，$u''(\cdot) < 0$，有如下单调似然率性质：

$$\frac{\mathrm{d}}{\mathrm{d}q}\left(1 - \frac{rf(q|0,\underline{b}) + (1-r)f(q|0,\overline{b})}{rf(q|1,\underline{b}) + (1-r)f(q|1,\overline{b})}\right) \geqslant 0$$

$$(4.17)$$

式(4.17)单调似然率性质满足时，由式(4.16)知，$t^{SB}(q)$随着q单调上升。提供给代理人的转移支付随着生产水平的增加而增加，这样的激励契约不会使得代理人为了增加他的支付去破坏生产（这里"破坏生产"指代理人设法偏离真实产出水平的各种行为，比如代理人谎报生产水平的行为）。单调似然率假设能够保证这个直观的性质。

假设委托人与代理人没有双方的不确定性问题，即委托人资产类型只有一种时，最优契约及单调似然率性质分别为：

$$\frac{1}{u'(t^{SB}(q))} = E_{\tilde{q}}\Big(\frac{1}{u'(t^{SB}(\tilde{q}))}\Big)\text{Cov}\Big(u(t^{SB}(\tilde{q})), \frac{1}{u'(t^{SB}(\tilde{q}))}\Big) \times$$
$$\Big[1 - \frac{f(q|0,b)}{f(q|1,b)}\Big]/\Psi \tag{4.18}$$

$$\frac{d}{dq}\Big(1 - \frac{f(q|0,b)}{f(q|1,b)}\Big) \geq 0 \tag{4.19}$$

比较式(4.16)、式(4.17)和式(4.18)、式(4.19)可得如下结论：

在双方不确定性下的道德风险问题中，不确定性因素的概率分布与代理人努力的产出分布将以联合概率的形式进入新的最优契约中，同样以联合概率的形式影响单调似然率性质。简而言之，施加到道德风险问题中的不确定性与道德风险问题中原有的不确定性（即信息不对称性）对最优合约产生叠加影响。

第三节 双方风险规避下的双方道德风险

在双方道德风险问题中，双方效用函数的假设大多是风险中性。从某种程度上讲，在市场相对比较完善，市场不确定性因素较少时，风险中性假设是合理的，但现实市场中不确定性因素多，契约某一方或双方均会表现出风险规避的倾向，尤其是当前各国经济面临各种各样的挑战与危机，甚至会遭受到金融危机的冲击（如2008年国际金融危机），市场主体的风险规避意识明显增加。因此，研究具有风险规避的双方道德风险模型具有一定的理论和现实意义。文献[69]虽然研究了双方道德风险情况下创业者风险规避的风险投资模型，但其研究依然限定于某一行业领域，而且仅考察了单方呈现风险规避的情形。鉴于此，本节在委托代理的分析框架下，引入双方风险规避，建立一般化双方道德风险模型，分析双方均衡战略行为规律与最优契约的性质[102]。

本节讨论依然沿用第二章第三节（见第23页）所阐述的分析框架，分析的重点是委托人与代理人皆为风险规避的情形，即双方风险规避下的双方道德风险问题。

一、理论模型的构建

委托人与代理人共同生产某种产品或创造某种价值，不确定的产出依赖双方的努力水平、相对重要性和外在的风险因素，假设双方具有如下生产函数

$$Q = f(\varepsilon, e) + \theta = \varepsilon^\alpha e^{1-\alpha} + \theta \tag{4.20}$$

其中，ε为委托人的努力水平，e为代理人的努力水平，α为产出中的相对重要性因子，f为Cobb-Douglas生产函数。由于委托人与代理人的投入往往具有替代性，并且正的产出要求双方非零的投入，Cobb-Douglas生产函数能很好地满足这些要求。θ是风险因素乘子，服从正态分布，均值为0，方差为σ^2。风险因素代表了投入与产出的价格以及生产等变化的不确定性。假设θ的分布对于双方来说是共同知识，但双方都无法知道任意时间点上θ的准确值。这一假设潜在地指出任何一方都不能直接观察到对方的努力水平，同时，也保证了没有哪一方能够通过产出这一共同知识间接推断出对方的努力水平。因此，双方存在双方道德风险问题。

由于线性契约在现实中十分普遍，本文仅考虑委托人向代理人收取固定租金R并分享产出份额$r(0 \leqslant r \leqslant 1)$的一般化线性合约，有：

委托人的收入为

$$Z = R + r(\varepsilon^\alpha e^{1-\alpha} + \theta) \tag{4.21}$$

代理人的收入为

$$Y = -R + (1-r)(\varepsilon^\alpha e^{1-\alpha} + \theta) \tag{4.22}$$

假设委托人与代理人都具有von Neumann-Morgenstern效用函数，形式为$V(Z) - C(\varepsilon)$和$U(Y) - C(e)$。$C(\cdot)$是各自努力的负效用函数，具体形式为$C(i) = \dfrac{1}{2}i^2, i = \varepsilon, e$。显然$C'(i) > 0, C''(i) > 0, i = \varepsilon, e$。假设$V(Z)$和$U(Y)$两次连续可微，委托人与代理人皆为风险规避且分别具有Arrow-Pratt绝对风险规避度ρ_M和ρ_P，于是，

委托人的确定性等价收入为

$$CE_M = R + r\varepsilon^\alpha e^{1-\alpha} - \frac{1}{2}\varepsilon^2 - \frac{1}{2}\rho_M r^2\sigma^2 \tag{4.23}$$

代理人的确定性等价收入为

$$CE_P = -R + (1-r)\varepsilon^\alpha e^{1-\alpha} - \frac{1}{2}e^2 - \frac{1}{2}\rho_P(1-r)^2\sigma^2 \tag{4.24}$$

委托人与代理人的签约可以划分为两个阶段的博弈：第一阶段，委托人提出契约，契约变量为分享比例r和固定租金R，如果代理人接受合约的期望效用不低于其保留效用$\underline{U}$，那么将接受合约；第二阶段，在给定产出份额r和固定租金R的前提下，委托人与代理人同时选择努力水平实现产出。

二、理论模型的求解

采用不完全信息动态博弈的逆向求解法对模型进行求解。在博弈的第二阶段，对于任意给定的分享比例r和固定租金R，委托人与代理人分别选择纳什均衡战略行为，即努力水平ε和e。

委托人选择努力水平ε，最大化其确定性等价收入，有

$$\varepsilon \in \mathrm{argmax}\, CE_M = \mathrm{argmax}\, (R + r\varepsilon^\alpha e^{1-\alpha} - \frac{1}{2}\varepsilon^2 - \frac{1}{2}\rho_M r^2\sigma^2) \tag{4.25}$$

关于ε的一阶条件为

$$\varepsilon^{2-\alpha} = r\alpha e^{1-\alpha} \tag{4.26}$$

代理人选择努力水平e，最大化其确定性等价收入，有

$$e \in \mathrm{argmax}\, CE_P = \mathrm{argmax}\, [-R + (1-r)\varepsilon^\alpha e^{1-\alpha} - \frac{1}{2}e^2 - \frac{1}{2}\rho_P(1-r)^2\sigma^2] \tag{4.27}$$

关于e的一阶条件为：

$$e^{1+\alpha} = (1-r)(1-\alpha)\varepsilon^\alpha \tag{4.28}$$

由式(4.26)和式(4.28)得纳什均衡战略行为

$$\varepsilon^{NE} = (r\alpha)^{\frac{1+\alpha}{2}}[(1-r)(1-\alpha)]^{\frac{1-\alpha}{2}} \tag{4.29a}$$

$$e^{NE} = (r\alpha)^{\frac{\alpha}{2}}[(1-r)(1-\alpha)]^{\frac{2-\alpha}{2}} \tag{4.29b}$$

由式(4.29a)和式(4.29b)可以看出，双方的均衡努力水平能够由分享比例和相对重要性因子完全确定下来，而与风险因素、固定租金等其他变量无关。

在博弈的第一阶段，委托人选择产出份额r和固定租金R最大化其确定性等价收入，表示为

$$\max_{R,r} \quad CE_M = R + r\varepsilon^{\alpha}e^{(1-\alpha)} - \frac{1}{2}\varepsilon^2 - \frac{1}{2}\rho_M r^2\sigma^2 \tag{4.30a}$$

$$\text{s.t.} \quad CE_P = -R + (1-r)\varepsilon^{\alpha}e^{(1-\alpha)} - \frac{1}{2}e^2 - \frac{1}{2}\rho_P(1-r)^2\sigma^2 \geqslant \underline{U} \tag{4.30b}$$

$$e = e^{NE} \tag{4.30c}$$

$$\varepsilon = \varepsilon^{NE} \tag{4.30d}$$

易于验证式(4.30a)和式(4.30b)的Hessen矩阵是半正定矩阵，所以委托人的最优化问题是凸规划，存在最优解，且式(4.30b)取等式，有

$$R = (1-r)\varepsilon^{\alpha}e^{(1-\alpha)} - \frac{1}{2}e^2 - \frac{1}{2}\rho_P(1-r)^2\sigma^2 - \underline{U} \tag{4.31}$$

将条件(4.30c)、式(4.30d)和式(4.31)代入式(4.30a)后，令关于r的一阶条件为零，可得最优契约r^*满足

$$\alpha\varepsilon^{\alpha-1}e^{(1-\alpha)}\frac{d\varepsilon}{dr} + (1-\alpha)\varepsilon^{\alpha}e^{-\alpha}\frac{de}{dr} - \varepsilon\frac{d\varepsilon}{dr} - e\frac{de}{dr} - [r\rho_M - (1-r)\rho_P]\sigma^2 = 0 \tag{4.32}$$

最优契约R^*满足式(4.31)。

式(4.31)和式(4.32)给出了最优契约结构(r^*, R^*)，这为分析风险规避下双方道德风险问题的最优契约特点、评估决策变量对最优契约的影响以及改善产出契约的激励效应提供了基础。

三、双方道德风险数值仿真分析

由式(4.29a)、式(4.29b)、式(4.31)和式(4.32)所构成的风险规避下的双方道德风险问题均衡行为与最优契约的解析解，难于通过传统比较静态分析方法进行分析，因此，本节借助Matlab软件，采用数值模拟方法考察双方均衡努力水平与最优契约。

数值仿真过程中涉及变量的取值范围界定，其中，根据模型假设，相对重要性因子与分享比例的取值范围为闭区间[0,1]；风险因素的方差要求大于零，本书将其考察范围界定于[0,10]；保留效用作为外生变量，取值完全取决于所应用问题的实际情况，由式(4.31)可以看出，其对最优契约的影响规律非常明显，具体仿真中可将其固定租金予以合并；风险规避度是双方风险偏好程度的度量，这里同样将其限于区间内进行分析，但可将分析范围进一步扩大，分析发现其对最优契约具有相同的影响趋势。

(一) 双方纳什均衡行为仿真结果分析

由式(4.29a)和(4.29b)可知，委托人与代理人的努力水平受到相对重要性因子与产出份额的共同影响，如图4.3所示。

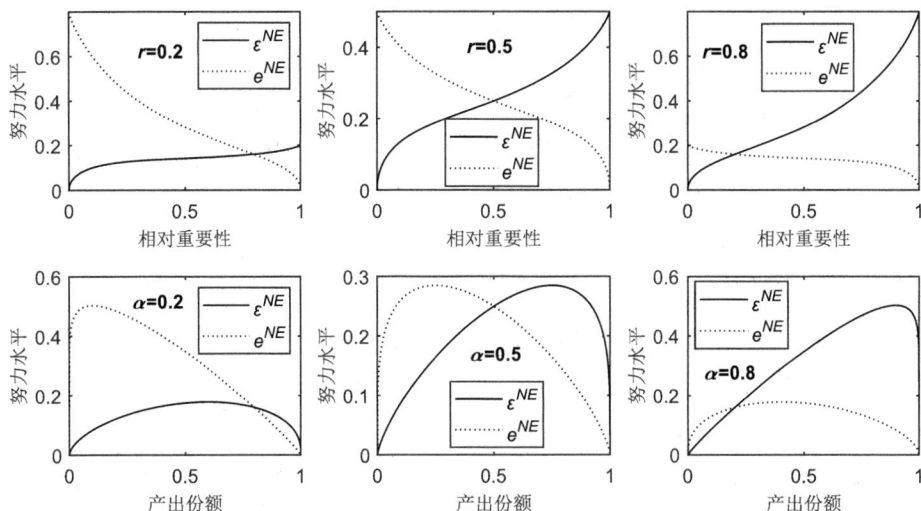

图 4.3 双方纳什均衡行为规律

图4.3上方三个子图揭示了不同产出份额情况下委托人纳什均衡努力水平（图中实线所示）与代理人纳什均衡努力水平（图中虚线所示）随相对重要性因子变化而变化的规律。任何一方相对重要性的增加都会带来其努力水平的增加；而且，增加速度随着相对重要性因子的增加先是逐渐递减，而后逐渐递增；双方努力水平速度变化的拐点为双方努力水平的交点，即 $\alpha = 1 - r$。图4.3下方的三个子图揭示了不同相对重要性情况下委托人产出份额对双方纳什均衡努力水平的影响规律。任何一方产出份额的增加在

开始时都会对双方产生激励效应，然后产出份额的增加会导致对方努力水平的下降，最后自身努力水平会因对方努力水平的下降而降低。

(二) 最优契约仿真结果分析

（1）双方风险规避度与最优契约

假设$\sigma^2 = 1$，相对重要性因子$\alpha = 0.5$，采用数值模拟法对双方风险规避度在$[0, 1]$区间考察产出份额的变化，结果如表4.1所示。

表 4.1　双方风险规避度与最优产出份额的关系

委托人	代理人风险规避度										
风险	0	0.1	0.2	0.3	0.4	0.5	0.6	0.7	0.8	0.9	1
规避度	最优产出份额										
0	0.5000	0.5585	0.6034	0.6388	0.6672	0.6907	0.7103	0.7270	0.7415	0.7541	0.7653
0.1	0.4415	0.5000	0.5475	0.5861	0.6179	0.6446	0.6671	0.6865	0.7034	0.7182	0.7313
0.2	0.3966	0.4525	0.5000	0.5399	0.5736	0.6023	0.6270	0.6483	0.6671	0.6836	0.6983
0.3	0.3612	0.4139	0.4601	0.5000	0.5344	0.5642	0.5902	0.6130	0.6331	0.6510	0.6670
0.4	0.3328	0.3821	0.4264	0.4656	0.5000	0.5303	0.5570	0.5806	0.6017	0.6206	0.6376
0.5	0.3093	0.3554	0.3977	0.4358	0.4697	0.5000	0.5270	0.5512	0.5729	0.5925	0.6102
0.6	0.2897	0.3329	0.3730	0.4098	0.4430	0.4730	0.5000	0.5244	0.5464	0.5665	0.5847
0.7	0.2730	0.3135	0.3517	0.3870	0.4194	0.4488	0.4756	0.5000	0.5222	0.5425	0.5611
0.8	0.2585	0.2966	0.3329	0.3669	0.3983	0.4271	0.4536	0.4778	0.5000	0.5204	0.5392
0.9	0.2459	0.2818	0.3164	0.3490	0.3794	0.4075	0.4335	0.4575	0.4796	0.5000	0.5189
1	0.2347	0.2687	0.3017	0.3330	0.3624	0.3898	0.4153	0.4389	0.4608	0.4811	0.5000

由表4.1可知，相对重要性因子和产出份额一定的情况下，如果委托人与代理人皆为风险中性或双方风险规避度相等，那么最优产出份额为0.5（为表4.1中的正对角线），即产出的风险由双方平均承担；在给定对方风险规避度下，任何一方的产出份额随着其风险规避度的增加而不断减少，产出份额的变化速度也是递减的，如图4.4所示。与单方信息不对称委托代理理论对比可知，在双方信息不对称下，尽管风险中性的一方承担的风险随着对方风险规避度的增加而不断增加，但是并没有像单方信息不对称委托代理理论中那样承担完全的风险。

（2）相对重要性与最优契约

如果双方皆为风险中性，那么最优产出份额r^*由相对重要性因子α完全决定，它们之间的关系如图4.5所示。

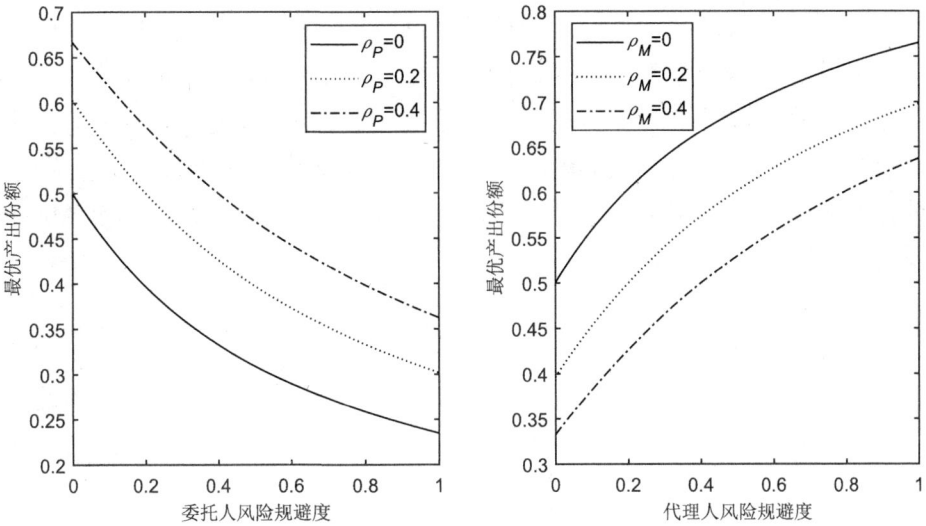

图 4.4　最优产出份额与风险规避度

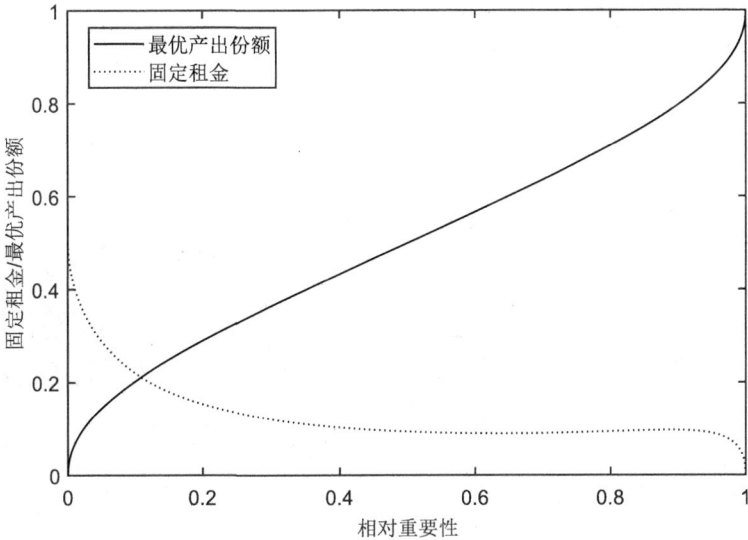

图 4.5　风险中性下固定租金/最优产出份额与相对重要性

在图4.5中，如果$\alpha < 0.5$，最优产出份额r^*大于相对重要性因子；如

果 $\alpha \geqslant 0.5$，最优分享比例 r^* 小于相对重要性因子。固定租金作为委托人与代理人之间的转移支付，表现出与最优产出份额相反的变化趋势。

如果风险因素的方差固定（设 $\sigma^2 = 1$），考察在一方风险规避度固定（设 $\rho = 0.3$），另一方在不同相对重要性情况下其风险规避度的变化对产出份额的影响，如图4.6中左侧两子图所示。从图中可以看出，任何一方产出份额随风险规避度的变化曲线会随着其相对重要性的增加而发生正向平移。另外，考察另一方具有不同风险规避度情况下产出份额随相对重要性因子变化的规律，如图4.6中右侧两子图所示。从图中可以看出，双方风险规避下产出份额与相对重要性的关系与双方风险中性的情况具有相同的变化趋势，曲线形状与位置受双方风险规避程度的不同而有所不同。端点说明与双方风险中性情况不同的是，任何一方即使其相对重要性为零，也会得到一定的产出份额。

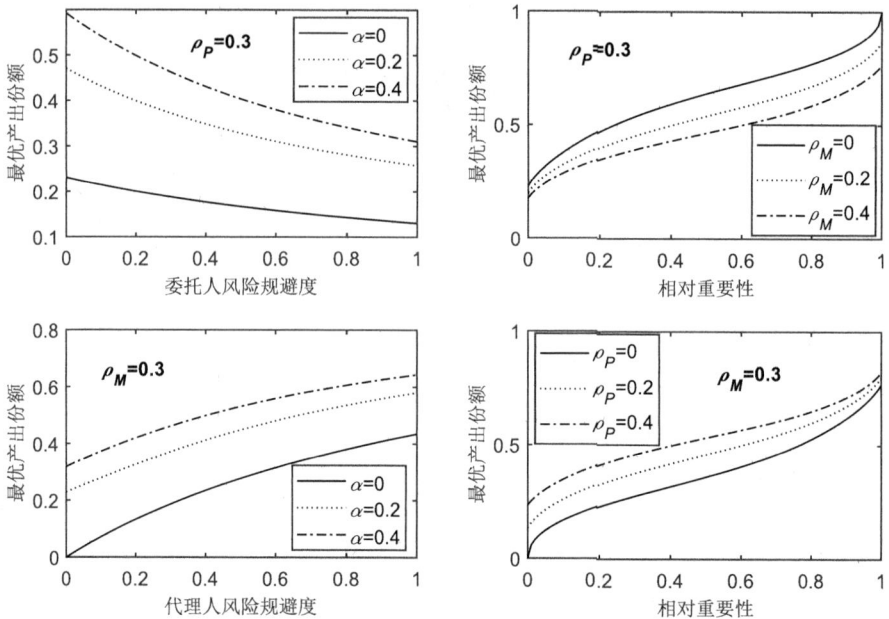

图 4.6　不同相对重要性下最优产出份额与风险规避度

（3）风险因素与最优契约

分别假设 $\alpha = 0.3$ 和 $\alpha = 0.7$，固定一方风险规避度，考察在不同的风险因素方差取值情况下另一方风险规避度对产出份额的影响，如图4.7所示。

如果不存在外部风险或外部风险很小，那么最优产出份额几乎不受双方风险规避度的影响，表现为一条受相对重要性因子作用的直线；如果产出的不确定性较大，任何一方在其风险规避度较小时要求获得比不存在外部风险或外部风险很小的情况下更高的产出份额，而在其风险规避度较大时则要求获得比不存在外部风险或外部风险很小的情况下更小的产出份额。

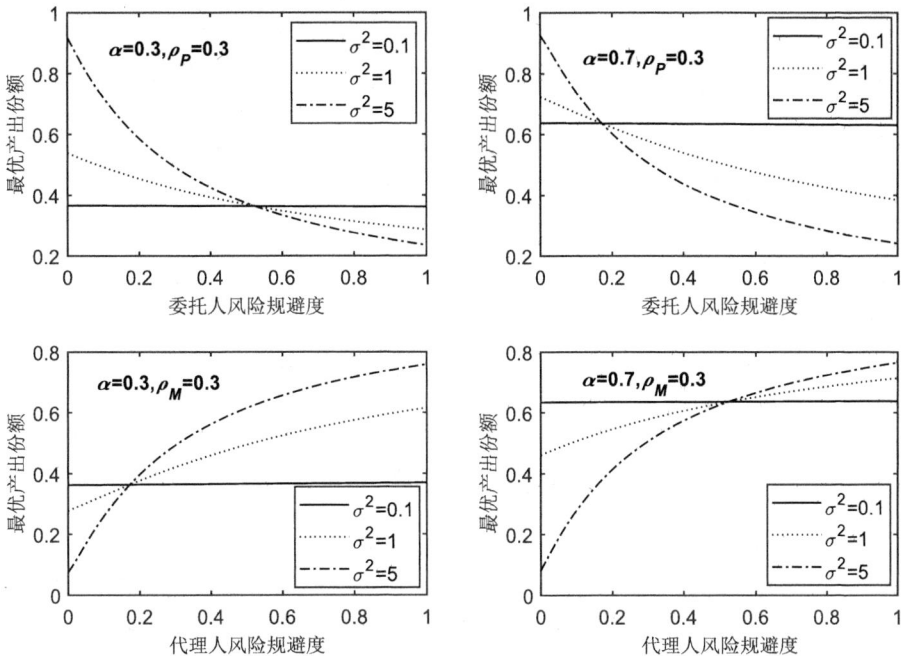

图 4.7 不同风险因素方差下最优产出份额与风险规避度

分别假设 $\alpha = 0.3$ 和 $\alpha = 0.7$，固定双方风险规避度，考察风险因素的方差在 $[0, 10]$ 区间内产出份额的变化，如图4.8所示。由于最优产出份额同时受双方风险规避度、相对重要性及风险因素的影响，风险因素方差对最优产出份额的影响较为复杂，表现出随着风险因素方差的增加，最优产出份额可能递增、递减或几乎不变等多种趋势。图4.7和图4.8共同揭示出来的一点是随着风险因素的增加将会明显放大其他因素对产出份额的影响效果。

（4）保留效用与最优契约

由最优契约 (R^*, r^*) 满足的式(4.31)和式(4.32)可知，保留效用的变化不会影响最优的产出份额，仅影响到委托人与代理人之间的转移支付，即固

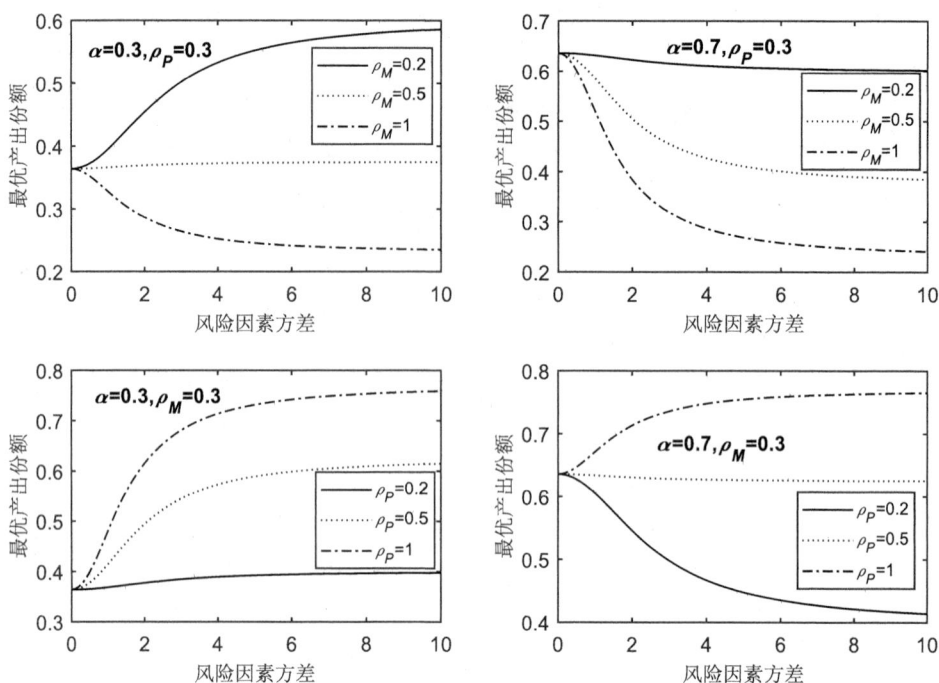

图 4.8　最优产出份额与风险因素方差

定租金。并且，这种影响是简单的"跷跷板"效应：代理人的保留效用增加时，其向委托人支付的固定租金会相应地减少；反之，固定租金会相应增加。从另一个角度来看，委托人能够实现对代理人"剩余"转移，而代理人在双方信息不对称下不存在信息租金。

　　各种组织内部与外部广泛存在的委托代理协作生产都会面临双方信息不对称的道德风险问题。本节针对传统研究中存在的不足，建立了一般化的具有风险规避的双方道德风险模型，采用不完全信息动态博弈逆向法和不确定等价收入法对模型进行了求解，最后借助数值模拟技术分析了理论求解结果，研究发现了相对重要性、产出份额对均衡努力水平的作用规律，揭示了双方风险规避度对最优契约的作用机制，以及双方风险规避下相对重要性因子、风险因素和代理人保留效用对最优契约的影响规律。对具有风险规避的双方道德风险均衡行为和最优契约的特点与规律的揭示，对于组织架构、机制设计和契约安排具有理论参考与指导意义。

第五章　双方道德风险与特许经营

第一节　特许经营发展状况

　　特许经营作为一种经营模式在提高企业组织化程度、吸纳民间资本、促进中小企业发展、扩大就业等方面起着积极作用。我国特许经营的发展从20世纪80年代中期到90年代初开始萌芽，此后发展迅速，并随着国家《商业特许经营管理办法》的出台和行业协会的成立，我国特许经营发展迅速、全面，截至2018年9月11日，在商务部商业特许经营信息管理系统完成备案并公告的企业总数量达4 115家，其中，省内企业1 315家，跨省企业2 800家。本章主要选取21世纪初的六年进行分析[1]，具体特征为：

　　（1）特许经营体系发展迅速。我国特许经营体系在2000年以后进入高速发展期，如图5.1所示，2003年特许体系数量达到1 900个，成为世界上特许体系最多的国家；2004年特许体系增长速度为10.5％，数量达到2 100个；至2005年底，我国特许经营体系达到2 320多个，特许加盟店近16.8万个，约200万人就业，覆盖50多个行业[125]。

　　（2）特许经营行业分布广泛。我国特许经营发展向更多领域渗透，行业分工、业态划分越来越细。根据统计分析，我国特许经营行业业态已达60个，主要分布情况如图5.2所示。

　　对《2005年中国特许经营体系名录》中企业的统计与分析发现，我国特许经营企业的发展还存在着许多问题。

　　（1）企业创建时间偏短。对335个有效样本的统计（见表5.1）显示，

---

　　[1]本章内容为较早时期的研究成果[112]，鉴于相关机构发布的统计信息变动，部分数据难于获取，未补充近年来的数据。

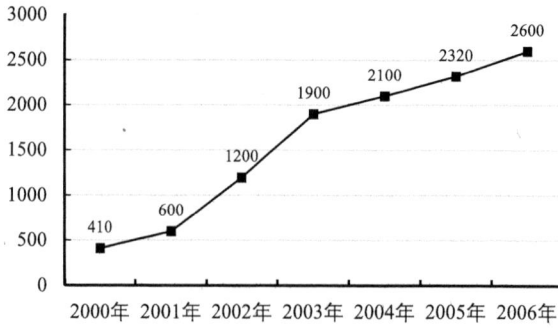

图 5.1   特许体系年增长数量

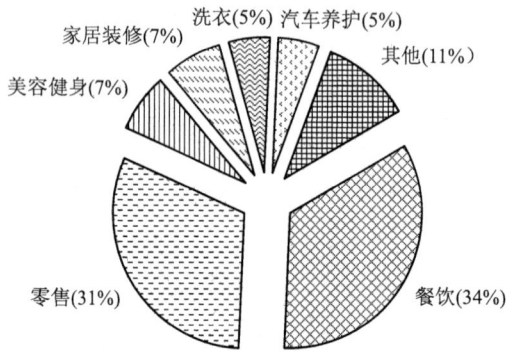

图 5.2   按行业划分特许经营企业分布情况

1996年以后创建的企业比例高达79％，2000年以来创建的企业比例依然高达45％。这说明我国的特许经营以新创建的企业为主体，并且更多的新企业在不断加入特许经营模式中。因此，从总体水平而言，企业的经营管理水平等各方面的发展比较有限，在这样的基础上开展特许经营，必然具有天然的实力劣势。

（2）企业特许开始时间与企业特许准备时间比较短。对232个有效样

表 5.1   特许企业创建时间表

	1996年后	1998年后	2000年后	2002年后	2004年后
数量(家)	265	212	150	89	9
比例	79％	63％	45％	27％	2.7％

表 5.2　特许企业特许开始时间表

	1996年后	1998年后	2000年后	2002年后	2004年后
数量(家)	220	196	160	100	26
比例	95%	84%	69%	43%	11%

本的企业特许开始时间统计（见表5.2）显示，在2000年以后开始特许经营的企业近70%。对226个有效样本的企业特许准备时间统计（见图5.3）显示，1年内实施特许经营的企业占总数的29%，在成立3年以内就开始特许经营的企业高达63%。由此可见，无论企业的特许开始时间还是企业开展特许的准备时间都比较短，此时，企业自身的经营管理能力往往比较有限，而设立的特许模式还没有在市场上得到充分的检验，有些缺陷还没有暴露出来，企业为了扩大自己的规模而实施特许经营，将为以后的发展埋下极大的隐患。

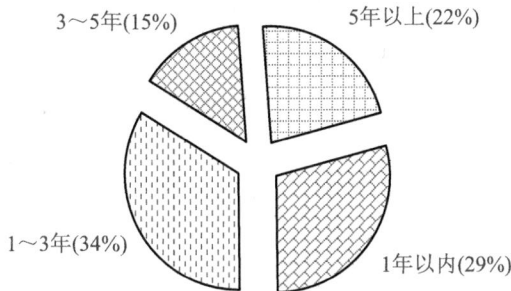

图 5.3　企业特许准备时间

（3）特许权使用费多采取定额方式，加盟费偏低。如图5.4所示，在明确指出特许权使用费的170个企业中，近2/3的特许企业采用定额方式而非比例形式。定额特许权使用费使得总部获得激励低于比例形式下的激励，因此，总部的努力程度会降低，总部对加盟商的支持力度有限，不利于特许体系的进一步发展。收取加盟费或特许权使用费的203家企业如图5.5所示，有42%的企业是暂时不收取加盟费，32%的企业收取的加盟费在5万元以下，只有16%的企业加盟费在10万元以上。加盟费在一定程度上可以表明企业的品牌价值，低额加盟费表明，我们的特许经营企业知名度不高。我国的特许经营体系大多采用定额特许权使用费，在加盟前收费偏低、允诺过多，一旦加盟者交过加盟费后，总部很少对其持续支持，双方往往产生矛盾和纠纷。

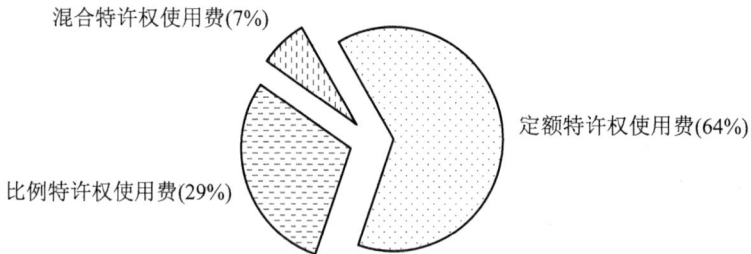

图 5.4 特许权使用费缴纳方式

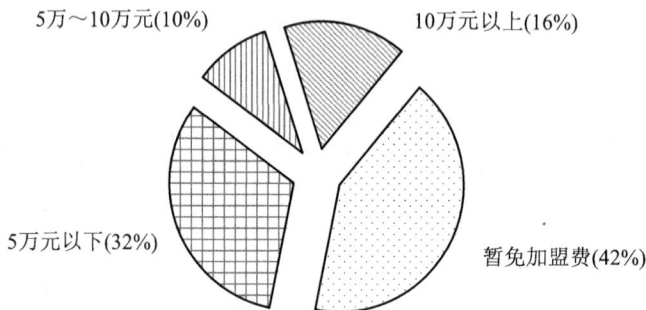

图 5.5 特许经营企业加盟费

（4）合同期限短，特许双方缺乏信任。从契约期限来看，对221个有效样本企业的统计（见图5.6）显示，69%的企业合同期限都是3～5年，近90%的企业合同期限在5年以内，我国特许经营契约的期限平均为4.13年，远远低于英美国家平均7～10年的合同期[126]。目前，合同期短的情况比较突出，较短的合同期限造成国内特许总部与加盟商之间缺乏信任，导致双方的机会主义行为，不利于特许经营的长期发展。

（5）直营店占总门店数比例低。对217个有效样本企业的统计（见图5.7）显示，我国特许经营企业直营店占总店铺数的平均比例为30%，83%的企业所有权比例都在50%以下，49%的特许体系中直营店占总店数的比例在20%以下，而在国外，往往是比较成熟的特许体系的所有权比例才在20%以下。我国特许经营发展历史比较短，成熟的特许经营体系还比

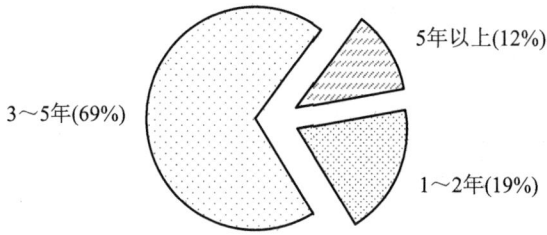

图 5.6 特许经营企业合同期限

较少，而总部招募加盟店的速度却很快，说明我们的特许体系发展速度过快，主要以加盟店为主体，意味着这些企业只重数量而忽略了质量建设。

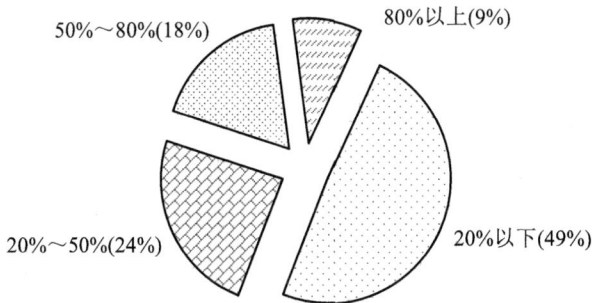

图 5.7 直营店占总店铺的比例

（6）特许经营模式单一，特许经营管理体系比较薄弱。如图5.8和图5.9所示，63％的特许经营企业仅提供单一特许模式，62％的特许经营企业提供单店特许模式，多数特许企业尚没有建立比较完善的特许经营管理体系，特许总部提供给加盟商的除了单店经营模式以外，几乎不能提供管理和经营指导。因此，特许总部对加盟店的控制能力十分薄弱，加盟店在经营品种、经营方式等方面不完全听从总部的指挥，原辅料的配送比例也难以控制，加盟店欠缴加盟费和品牌使用费的情况比较多见，甚至存在只挂牌不缴费的加盟店。

在我国特许经营行业的快速发展过程中，由于企业创建时间、特许开始时间、特许准备时间、合同期限都偏短，加盟费偏低，特许权使用费多采取定额方式，特许经营模式单一等众多问题，导致行业中存在严重的双

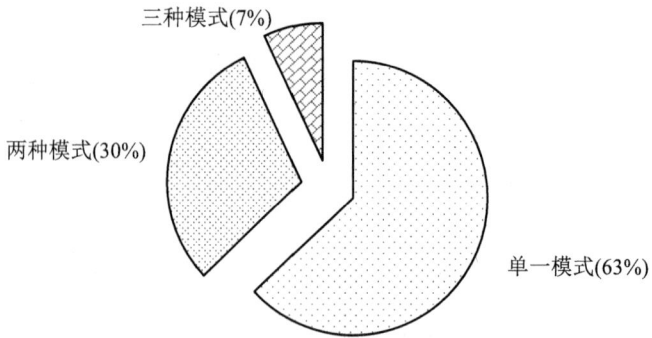

图 5.8 直营店占总店铺的比例

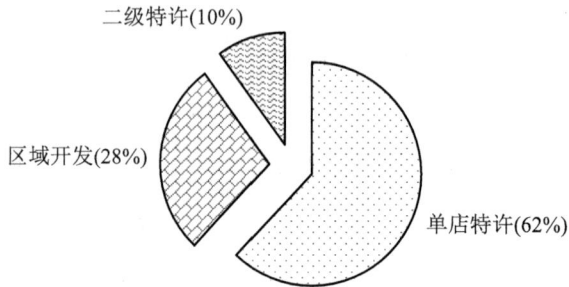

图 5.9 直营店占总店铺的比例

方道德风险问题。

第二节 特许经营双方道德风险

为了分析特许经营行业中的双方道德风险问题，首先通过建立模型，进行理论分析[112]。

特许者（委托人）与加盟者（代理人）共同生产某种产品或创造某种价值，不确定的产出依赖于生产技术与双方的努力水平，特许者与加盟者都存在道德风险问题。

假设特许者与加盟者的生产函数为

$$Q = \theta f(\varepsilon, e) = \theta \varepsilon^{\alpha} e^{(1-\alpha)} \tag{5.1}$$

此处，ε为特许者的努力水平，e为加盟者的努力水平，f为Cobb-Douglas生产函数。由于特许者与加盟者的投入具有替代性，并且正的产出要求双方非零的投入，Cobb-Douglas生产函数能很好地满足这些要求。θ是风险因素乘子，服从正态分布，均值为1，方差为σ^2。风险因素代表了投入与产出的价格以及生产等的变化。假设任何一方都不能观察到对方的努力水平。θ的分布对于双方来说是共同知识，但双方都无法知道任意时间点上θ的准确值。因此，没有哪一方能够通过产出这一共同知识间接推断出对方的努力水平。

特许者向加盟者收取固定租金（加盟费）R，并分享产出份额（特许权使用费）$r(0 \leqslant r \leqslant 1)$作为其努力的回报。注意到这种线性合约在某些情况下简化为：(a)固定租金合同，当$r = 0$时，$R > 0$；(b)持久的固定工资合同，即在整个合同期内当$r = 1$时，$R < 0$；(c)分享合同，当$0 < r < 1$时，R或者为正，或者为负，或者为零。

因此，加盟者的收入为

$$Y = -R + (1-r)\theta\varepsilon^\alpha e^{(1-\alpha)} \tag{5.2}$$

类似地，特许者的收入为

$$Z = R + r\theta\varepsilon^\alpha e^{(1-\alpha)} \tag{5.3}$$

假设特许者与加盟者具有von Neumann-Morgenstern效用函数的形式为$V(Z) - C(\varepsilon)$和$U(Y) - C(e)$，此处，$C(\cdot)$是他们努力的负效用函数，具体形式为$C(i) = \frac{1}{2}i^2, i = \varepsilon, e$。显然，$C'(i) > 0, C''(i) > 0,, i = \varepsilon, e$。假设$V(Z)$和$U(Y)$两次连续可微，且$V'(Z) = 1$、$U'(Y) = 1$及$V''(Z) = 0$、$U''(Y) = 0$，即特许者与加盟者皆为风险中性。

特许者的最优化问题为

$$\max_{R,r} \quad EV(R + r\theta\varepsilon^\alpha e^{(1-\alpha)}) - \frac{1}{2}\varepsilon^2 \tag{5.4a}$$

$$\text{s.t.} \quad EU(-R + (1-r)\theta\varepsilon^\alpha e^{(1-\alpha)}) - \frac{1}{2}e^2 \geqslant \underline{U} \tag{5.4b}$$

$$e \in \text{argmax}[EU(-R + (1-r)\theta\varepsilon^\alpha e^{(1-\alpha)}) - \frac{1}{2}e^2] \tag{5.4c}$$

$$\varepsilon \in \text{argmax}[E(R + r\theta\varepsilon^\alpha e^{(1-\alpha)}) - \frac{1}{2}\varepsilon^2] \tag{5.4d}$$

其中，$\underline{U}$为加盟者的保留效用。易于验证委托人的最优化问题是凸规划，存在最优解，求解有，

双方纳什均衡努力水平为

$$\varepsilon^{NE} = (r\alpha)^{\frac{1+\alpha}{2}}[(1-r)(1-\alpha)]^{\frac{1-\alpha}{2}} \tag{5.5a}$$

$$e^{NE} = (r\alpha)^{\frac{\alpha}{2}}[(1-r)(1-\alpha)]^{\frac{2-\alpha}{2}} \tag{5.5b}$$

最优合同r^*满足

$$r^* = \begin{cases} \dfrac{-(\alpha^2+\alpha)+\sqrt{(\alpha^2+\alpha)^2+(2-4\alpha)(\alpha^2+\alpha)}}{2-4\alpha} & \text{若}\alpha \neq \frac{1}{2} \\ \frac{1}{2} & \text{若}\alpha = \frac{1}{2} \end{cases} \tag{5.6}$$

均衡固定租金R^*满足

$$R^* = (1-r^*)(\varepsilon^{NE})^\alpha (e^{NE})^{1-\alpha} - \frac{1}{2}(e^{NE})^2 - \underline{U} \tag{5.7}$$

从式(5.6)可以看到最优的r^*由相对重要性因子α完全决定，它们之间的关系如图5.10所示。

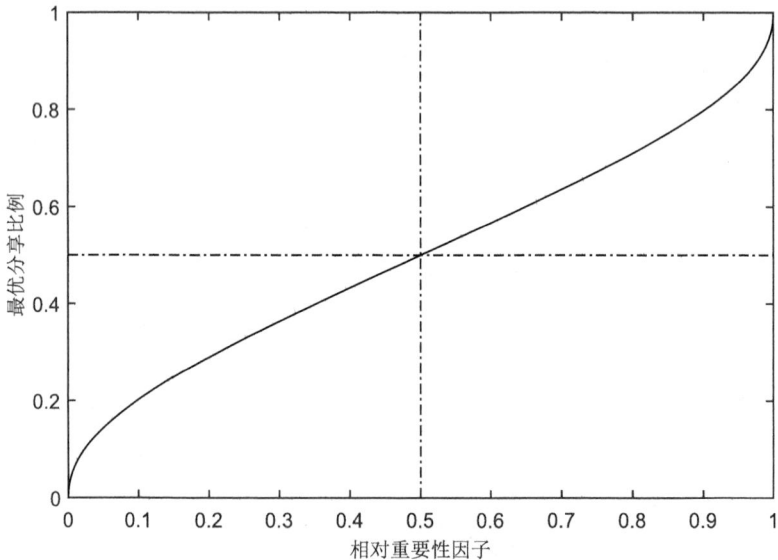

图 5.10 最优分享比例数值模拟图

由图5.10可知，如果$\alpha < 0.5$，最优分享比例r^*大于相对重要性因子；如果$\alpha \geqslant 0.5$，最优分享比例r^*小于相对重要性因子。

同样地，由式(5.5a)、式(5.5b)和式(5.6)可知，双方最优努力水平将最终取决于相对重要性因子α，图5.11表示特许者的努力水平（图中实线所示）与加盟者的努力水平（图中虚线所示）随相对重要性因子的变化而变化的规律。

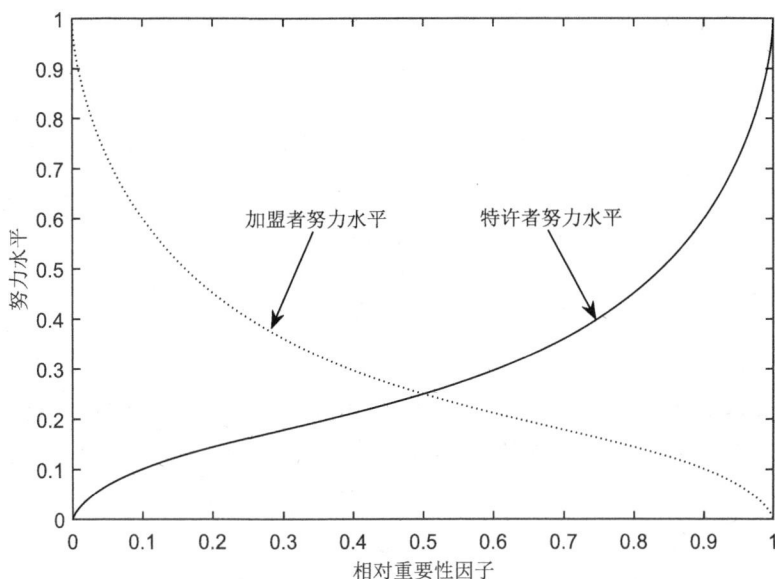

图 5.11 特许双方最优努力水平数值模拟图

由图5.11可知，任何一方相对重要性的增加都会带来其努力水平的增加；进一步，增加速度随着相对重要性因子的增加先是缓慢递减，而后持续迅速增加。

由式(5.7)可得模拟图5.12，最优固定租金R^*与代理人保留效用$\underline{U}$（假设$\underline{U} = 0$）的和（图中以虚线表示）与最优产出份额随相对重要性因子变化而变化的比较图，显然，它们之间具有相反的变化趋势。

第三节 实证分析

针对第二节的理论研究结论，我们从三个方面进行实证分析[112]。数

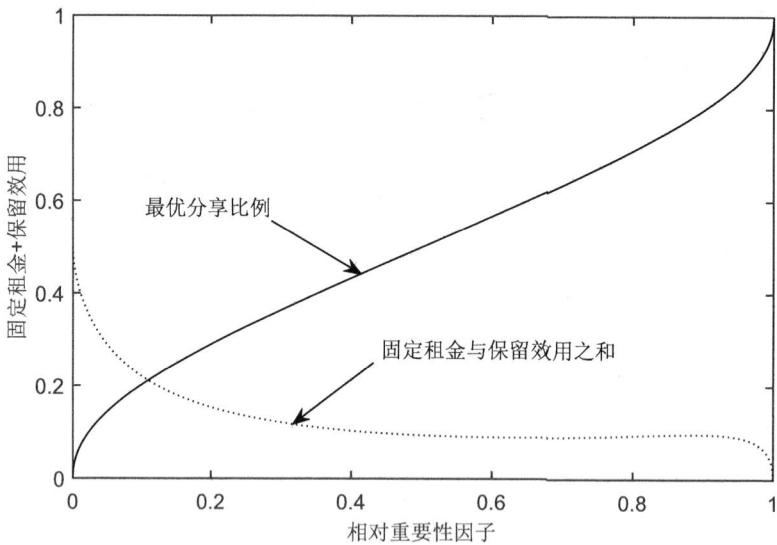

图 5.12　固定租金数值模拟图

据取自《2004中国特许体系名录》[127]和《2005 中国特许体系名录》[128]所共同包括的企业，其中部分企业数据不全，从Internet查找公司数据进行了补充，放弃无法补充数据的样本，最后得到有效样本128个。Lafontaine指出[25]，实际中特许权使用费随时间、因不同加盟者而调整的情况是非常少的，也就是说几乎是固定的，这与我们对国内特许经营现状与问题的分析相一致。但Lafontaine同时也指出，直营店铺的比例在不断变化，潜在地与特许权使用费的变化（假若特许权使用费应该不断调整的话）趋势相一致，所以我们在实证时，同时将特许店铺的比例作为特许权使用费的替代变量进行考察。

一、特许权使用费与加盟费关系的实证分析

使用Spss11.0软件，分别对加盟费（y_jime）和特许权使用费（y_texu）或特许店铺比例（y_dipu）间的皮尔森相关系数和偏相关系数进行计算，结果如表5.3所示。

相关系数表明特许权使用费与加盟费之间存在负相关性，二者具有相反的变化趋势，用特许店铺比例替代特许权使用费进行考察，负相关性更

为明显，与我国特许经营现状及理论分析结果一致。

表 5.3 加盟费与特许权使用费间的相关系数

	皮尔森相关系数	偏相关系数
加盟费-特许权使用费	-0.061^{**}	-0.0873^{**}
加盟费-特许店铺比例	-0.145^{**}	-0.1158^{**}

注：**为5%显著性水平

二、 相对重要性因子对最优契约影响的考察分析

由于无法取得每一个样本中特许方相对重要性因子的实际数据，导致不能对特许经营双方道德风险问题中相对重要性因子对最优契约作用规律进行实证分析。假设特许方所具有的相对重要性因子因行业的不同而相互区别，将样本企业按照所在行业进行分类，将不同行业平均的特许权使用费进行排序后作出散点图，如图5.13所示。

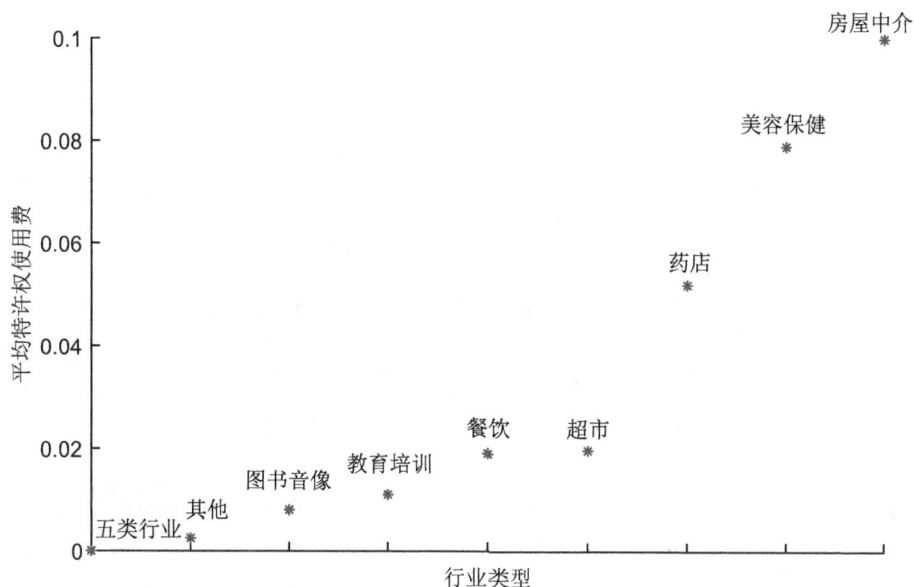

图 5.13 不同行业的特许权使用费散点图

由图5.13可以看出，特许权使用费与相对重要性因子具有非线性关系，

但和图5.10中相对重要性因子对最优契约分享比例的影响规律有一定差异，可能的原因有样本少、理论分析假设条件严格、实际中二者呈现出的关系复杂、按照行业划分后排序代表相对重要性因子缺乏严谨的理论依据等。用特许店铺比例替代特许权使用费，可得散点图5.14。由图5.14可以发现，相对重要性因子与特许权使用费替代变量特许店铺比例的关系与图5.10具有较强的相似性。

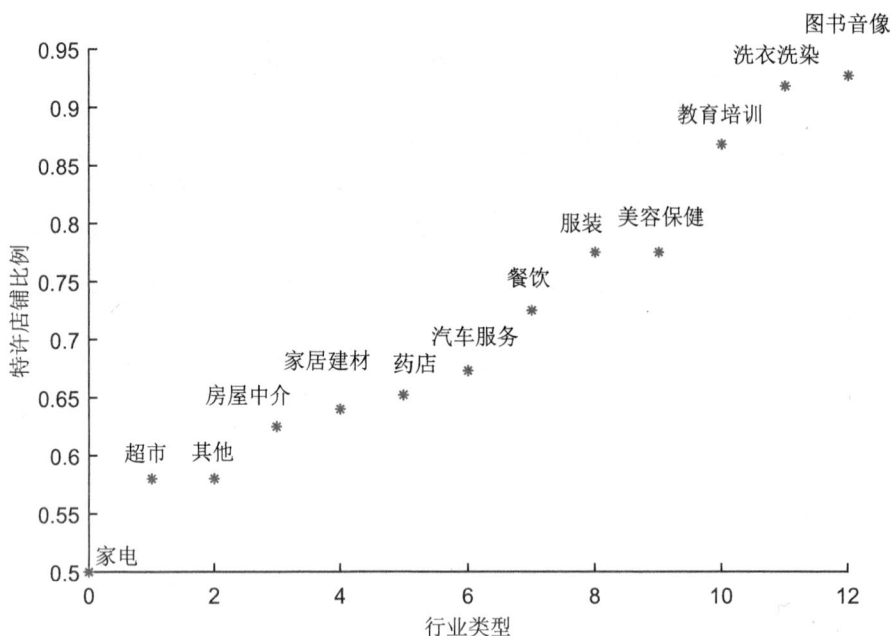

图 5.14   不同行业的特许店铺比例散点图

三、双方努力水平与最优契约关系的实证分析

以特许店铺的比例、加盟费和特许权使用费分别作为被解释变量；被解释变量分别选择加盟费（y_jime）、特许权使用费（y_texu）和特许店铺比例（y_dipu），受数据的可获得性限制，特许方努力水平解释变量选择企业成立时间（x1_chli）、特许准备时间比例（x1_zhbe）、注册资金（x1_zhce）、店铺数量增长速度（x1_dipu），受许方努力水平解释变量选择店铺最小面积（x2_miji）、店铺基本投资额（x2_tozi）、保证金（x2_bazh），解释变量

合同期限（x3_heto）对双方道德风险水平都可能具有影响。

使用Eviews5.0软件，分别对加盟费（y_jime）、特许权使用费（y_texu）和特许店铺比例（y_dipu）进行Tobit模型回归，结果如表5.4左栏所示；剔除对三个解释变量影响不显著的被解释变量后，重新进行Tobit模型回归分析，结果如表5.4右栏所示。括号中数值为Z统计量。

表 5.4 Tobit模型回归结果

	y_jime		y_texu		y_dipu	
x1_chli	−0.1072	−0.1230	0.0039	0.0041	−0.0044	−0.0039
	(−0.7983)	(−1.1157)*	(1.9686)**	(2.0741)**	(−2.3298)**	(−2.0859)**
x1_dipu	−0.4736		0.0072		0.0016	
	(−0.4036)		(0.6394)		(0.1002)	
x1_zhbe	−2.4594		0.2032	0.2017	−0.3442	−0.3549
	(−0.3316)		(2.8071)***	(2.8127)***	(−3.2920)***	(−3.3686)***
x1_zhce	−0.0001		0.000001		−0.000001	
	(−0.0633)		(0.1351)		(−0.8450)	
x2_bazh	0.4012	0.5397	−0.0021	−0.0022	0.0052	
	(1.3154)	(1.9134)*	(−0.8218)	(−1.0837)*	(1.1934)*	
x2_tozi	0.01278	0.0110	−0.0001		0.0002	0.0003
	(1.2160)	(1.1500)*	(−0.4861)		(1.7641)**	(1.9465)**
x2_miji	0.0272	0.0261	−0.00002		0.0001	
	(4.1323)**	(4.1144)**	(−0.4291)		(1.1386)	
X3_heto	−0.1422		0.0184	0.0174	−0.0157	−0.0167
	(−0.1928)		(3.1587)***	(3.2527)***	(−1.5971)*	(−1.6972)*
常数项	3.6704	3.5167	−0.2089	−0.1945	0.8683	0.8759
	(0.8183)	(1.4719)*	(−3.9231)***	(−4.1271)***	(13.959)***	(15.789)***
可决系数	0.2657	0.2663	0.0641	0.0658	0.1664	0.1459

注：*为10%显著性水平，**为5%显著性水平，***为1%显著性水平

虽然像销售收入这样的重要解释变量无法取得，导致回归效果欠佳，但从表5.4可以看出，大部分特许方努力水平解释变量与特许权使用费具有正相关关系，与特许店铺比例和加盟费成负相关关系；大部分受许方努力

水平解释变量与特许权使用费具有负相关关系，与特许店铺比例和加盟费成正相关关系。在我国目前的特许经营行业中，合同期限是表征特许方努力水平的解释变量。

总的来说，特许权使用费与加盟费之间存在的负相关性、相对重要性因子对最优契约特许权使用费的可能影响趋势、双方努力水平与最优契约的关系都与理论分析结果一致。

第四节　特许经营道德风险的防范

根据特许经营行业的特点，针对我国特许经营行业现状，应该着重从以下三个方面防范道德风险。

（1）建立信息披露机制

由于特许经营具有与上市公司相同的公共性特点，因此防范特许经营道德风险的关键在于信息披露。国务院早已正式施行了《商业特许经营管理条例》，该条例强调特许经营双方信息披露的真实性、完整性和及时性，杜绝对社会公众的误导和虚假陈述，并以此作为特许经营市场风险防范的核心制度，以实现"卖者自慎"和"买者自律"的目标。虽然该条例较1997年原国内贸易部发布的《商业特许经营管理办法（试行）》在信息披露的内容上已经非常详尽了，但在信息披露机构的建立、信息披露的范围及程度方面仍有一定的局限性。为了更好地解决信息不对称带来的特许经营风险，一方面我国应仿照证券市场的做法，建立一个特许经营信息披露的主管机构，制定类似美国联邦贸易委员会（Federal Trade Commission，FTC）发布的《特许经营规则》（也称为FTC规则）和北美证券管理者协会发布的《统一特许经营要约公告》（Uniform Franchise Offering Circular，简称为UFOC规则）的信息披露规则，制定特许经营信息披露的标准文件格式；另一方面，我们也应补充和完善信息披露范围和程度。信息披露涉及的内容主要包括：一是受许人的关联交易义务。由于特许人经营往往执行统一的货物来源和质量标准，因此特许人会要求受许人向特许人或特许人指定的第三人购买或销售商品，接受或提供服务。从实践的情况来看，这种关联交易一般都占据着受许人经营业务的大部分份额，直接影响受许人的经营状况。因此，特许人应向受许人披露其他被要求与之交易的关联交易相对人名单，关联交易占受许人为维持特许经营而必须进行的交易的比重等。二是特许人的前契约义务和其他附随义务。很多国家特许经营法律均要求特许人向受许人履行必要的前契约业务。前契约业务主要指特许人对受许人开展特许经营业务的帮助和指导。其内容一般包括对受许人的培训、协助受许人建立会计制度、管理制度，向受许人提供商业咨询和建议，协助受许人选择店址，向受许人提供经营手册，向受许人提供财务援助、修理、更换或退货服务等。特许人除应向受许人履行必要的前契约义务外，在受许人经营的过程中还应随时提供相应的帮助和指导等业务。

（2）制定较为完备的特许经营范式合同

由于特许经营的任何一方都无法提供较为完备的契约，而我国《合同法》等法律法规没有对特许经营合同做出专门详尽的规定，政府应像房地产市场管理那样，为特许经营拟定一份条款齐备、内容完整、切合实际、操作性强的范式合同是十分必要的。一份完备规范的特许经营范式合同，可作为有效调整加盟双方正常权利义务关系的可靠法律保证，有利于克服特许经营实践中的盲目性与随意性，堵塞欺诈的漏洞，减少加盟双方的矛盾冲突，促进特许经营事业步入自我约束、自我发展的良性轨道。

特许经营范式合同涵盖的内容应包括：商标、商号、商誉、专利权或专利技术、独特的经营模式等无形资产的陈述与许可使用的方式、范围；特许经营中的受许人经营的地域限制及变更的条件；加盟金、使用费或特许经营管理费、履约保证金、店铺设计及施工费、培训费、广告推介费、设备租赁费、财务业务费、意外保险费在内的各种费用的具体执行标准、内容及收付方式等；对特许人提供的诸如开业培训、物品供应、店铺选址建议、装修指导、管理培训等服务应明确规定的履行时间、地点及方式；受许人除交纳加盟费外的义务事项，如严格依照合同与经营手册规定的标准开展营业活动、解约后不得再使用特许人商标、商号及保留经营手册，并在一定时期内不得从事相类似的经营业务、保守特许人依约提供的经营技术秘密及相关情报、涉及第三人纠纷及时报告等；特许人对受许人的经营监控的方法及手段；加盟店的能否转让、如何转让、转让给谁等各项细则，以及特许人与受许人双方的信息披露保证义务等。

（3）加强对特许经营行业的监督管理

各级商务主管部门应当加强对特许经营活动的监督与管理，指导当地行业协会开展工作。无论是信息披露机制建立，还是特许经营合同的完善，都需要相应的监督和处罚管理。业内专家分析，目前国内数千个特许经营品牌，能够经营3年以上的只有近1/3，其中，特许经营的欺诈现象是导致行业发展坎坷的重要因素之一。因此，只有对特许经营活动中严重的道德风险行为、违法行为进行及时地依法处罚，才能保证各种机制的畅通有效运作，从而避免和扼制特许人与受许人双方的机会主义行为，促进特许经营行业的稳定、快速、健康发展。

由于我国特许经营行业发展历史短、行业规范化程度低，导致行业领域内存在较为严重的双方道德风险问题。本章通过建立特许经营双方道德风险模型，剖析了特许经营行业双方道德风险问题的一般化规律和特征。进一步地，通过实证分析，表明了理论分析的正确性。现状考察、理论研究与实证分析的结论对深入认识和解决行业领域中的双方道德风险问题具有指导意义。目前，应当主要通过建立信息披露机构、制定较为完备的特许经营范式合同和加强对特许经营行业的监督管理来削弱和防范特许经营行业中的双方道德风险问题。

第六章　双方道德风险与食品安全

第一节　食品安全与道德风险问题

食品安全是指食物中有毒、有害物质对人体健康造成影响的公共卫生问题。具体而言，影响食品安全的因素包括生物的，如微生物、病毒、寄生虫、毒素、过敏物质、生物恐怖因素和转基因等；化学的，如农药、兽药、添加剂、加工过程污染物、有毒包装材料、环境污染等；物理的，如杂质和放射性等。世界卫生组织将食品安全定义为生产、加工、储存、配送和制作食品过程中确保食品安全可靠，有益于健康并且适合人消费的必要条件和措施。

食品安全关系着每个人的生命与健康，关系着整个社会的稳定与发展。近年来，一系列食品安全事件（如疯牛病、禽流感、猪脑炎、口蹄疫、苏丹红、瘦肉精、三聚氰胺、塑化剂等）的爆发，唤醒了全球对食品安全问题的关注。如何重塑健康、安全和环保的食品消费环境成为世界性难题和现代社会的重要公共政策目标。我国作为一个食品生产与消费大国，保障食品安全是政府的重要责任。虽然我国政府不断完善食品监管体系，食品安全水平有了很大提高。然而，以2008年三聚氰胺事件为标志，食品安全事件频繁发生，表明我国食品安全形势依然非常严峻。

食品安全问题屡次发生并且屡禁不止，是因为食品行业中败德行为（即道德风险）的存在。因此，保障食品安全，关键在于管理和控制道德风险问题。

在食品安全领域，存在各种各样的道德风险问题。我们知道，道德风险问题的产生是由于存在信息不对称现象。在食品消费中消费者在信息获得方面处于弱势。而处于绝对优势的食品企业隐匿信息甚至利用其信息坑害消费者以达到获利的目的，发生了许多以劣充好、以假充真的严重败德问题，甚至是严重违法问题。同时，除了商业伦理道德以外，由于信息不对称，食品生产企业在食品安全控制方面的激励不足，失去了消费者的信任，损害了消费者的信心。据文献[129]，消费者对任何一类食品安全性的信任度均低于50%。

现实中，任何一种食品都要经过食品生产、食品供应、食品物流与食品消费四个主要阶段。这种从生产者到消费者的流程被称为食品供应链。一般而言，食品供应链是由农业、食品加工业和物流配送业等相关企业构成的食品生产与供应的网络系统。食品安全问题贯穿于从食品生产源头到食品消费终点的整个供应链中；食品的不安全因素贯穿于食品供应的全过程。从生产、加工、包装、流通到消费，每一个环节都可能受到不同程度的污染，这既影响了整个供应链的效益，也增大了食品安全的风险。由于在整个供应链的不同环节之间都存在着信息不对称现象，因此，也会发生双方道德风险问题。本应由供应链各方通力协作，共同控制食品安全风险的合作行为，在信息不对称的情形下，每一方都存在弱化自身食品安全控制水平投入，由此导致总体的食品安全风险加大。

解决道德风险问题以及双方道德风险问题，可以从以下五个方面着手：第一，要尽可能地消除食品供应链中的信息不对称现象，比如，建立食品供应链跟踪系统，食品安全追溯机制，规避投机心理带来的危害。第二，要培养其尊重生命、关爱健康的道德观，要建立有效的引导机制，将食品伦理道德观念引入到食品实践的各个环节，做到伦理决策、伦理生产、伦理监管、伦理消费。第三，要建立食品安全信用档案，实施奖惩激励机制，将食品企业按照其信用状况划分信用等级，信用等级高的企业在其生产经营中可以享受实质上的优惠和精神上的嘉奖，而失信经营的企业，则被降低信用等级直至列入"黑名单"。第四，要引入声誉机制，加大舆论监督力度，声誉机制在一定程度上能够规范企业的生产经营活动。第五，食品安全中的道德风险规制离不开有效的监督管理，要加大法律的惩罚力。政府对食品市场进行一定的管制对于保障食品安全是必须的。因为仅寄希望于企业的自觉行为，而缺乏有效的外部监督，希望所有的企业都自觉地承担起社会责任是很难的。

食品安全管理是一个全球性问题，更是一项复杂的系统工程，需要法律规制、政府监管、社会监督、技术检测、声誉约束、诚信建设等方面面的协同治理。千头万绪之中，纷繁复杂之下，关键是要建立一套具有内在激励约束机制的制度体系。其中，由于保险具有风险管理和经济补偿功能，在备受关注的食品安全领域，尝试引入保险制度，开展食品安全责任保险试点和探索，对食品安全治理机制的建设无疑具有积极意义。

食品安全责任保险是指因被保险人生产或销售的食品存在缺陷，导致使用者或第三者人身伤害及财产损失，依法应由被保险人承担赔偿责任时，保险人在约定的保险责任及赔偿限额内予以赔偿的一种保险。食品安全责任保险是种植养殖、生产加工、运输贮藏、陈列销售、餐饮服务等各环节的食品生产经营者在保险公司购买限额保险，当生产经营的食用农产品、生产加工食品等存在缺陷导致消费者受到损害应当承担损害赔偿责任时，由保险人承担赔偿责任的保险。

食品安全责任保险制度对消费者、食品生产经营者和政府等都具有重要的作用和功能，构建科学的食品安全责任保险制度具有重要意义。以下两节，我们围绕道德风险食品安全责任保险，双方道德风险与食品安全责任保险两个方面分别进行探讨。

第二节 机构市场道德风险与食品安全责任保险

食品安全是关系民生的重要领域，也是我国政府、企业、消费者关注的焦点之一。近年来，食品安全风波不断，食品安全事故频发，给社会造成了巨大的损失，引发严重的食品信任危机，而每次大型事故的发生往往都会由国家兜底，政府买单，财政负担急剧增加。食品安全责任保险（下文亦简称食责险），是以食品企业对因其生产经营的食品存在缺陷造成第三者人身伤亡和财产损失时依法应负的经济赔偿责任为保险标的的保险。食责险既是实现对受害人所受伤害与损失进行补偿的有效机制，又是转嫁食品企业安全责任风险的有效途径，已经得到国际社会的普遍认可。2015 年保监会协同有关部门印发《关于开展食品安全责任保险试点工作的指导意见》，食责险试点工作在全国启动。然而在推行食品安全责任保险过程中，却面临着投保率不足，"叫好不叫座"的现象，而对食责险能否促进企业提高食品质量，改进安全控制水平的质疑也依然存在。本节探讨食品安全控制与责任保险的关系，揭示食品安全责任保险的激励机制，以更好地推进食品安全责任保险的试点工作。

机构市场亦称组织市场，是一类特殊的市场，如机关、高校、企业事业单位等。机构市场中消费者人数相对固定，单个或部分消费者需求量少，议价能力弱，购买产品的成本较高。机构为了组织整体的利益，聚合机构中全体消费者的需求，与产品供应商进行谈判协商，最终选择特定供应商，由于机构具有较高的议价能力，能够签订对机构中消费者满意的价格或价格区间。鉴于食品机构市场是群体性食品安全事故的高发易发区，我国各地政府在推行食品安全责任保险过程中，往往选择建筑工地食堂、各类托幼机构食堂、各级各类学校食堂等机构市场作为重点。因此，本节选择食品机构市场作为探讨背景。

国内有关食品安全责任保险的研究主要分为三类。第一类是食责险的法理基础与模式。肖峰认为食品安全制度与责任险制度在适用前提、义务范围与设定方式、责任机制运行三方面存在冲突，提出应从立法上理顺食品安全责任范围与责任险承保对象的关系，加强制度供给，以及优化司法机关界分承保范围与免责条款法律适用规则的冲突协调路径[130]。郭金良认为阻碍我国食品安全责任强制保险法律构建的主要原因有两个：一是占据食品安全生产经营主体结构中80%以上数量的小微经营者，基于成本与收益的考虑，根本不愿意投保食品安全责任强制保险；二是承保机构基于食品安全事故中巨额赔付的风险，也对食品安全责任强制保险持消极态度[131]。何锦强和孙武军提出食品安全责任强制保险制度构建的核心问题是正确处理政府强制与市场自治的关系[132]。第二类主要是调查研究食品安全责任保险推行过程中出现的问题与对策。胡洁冰通过调研数据的Logistic模型发现食品安全责任险实际缴纳费率对食品生产商参与投保的意愿和有效需求呈显著负向作用[133]。高凯分析目前试点食品安全责任保险较好的浙江省不同地区的推行模式，总结成功的经验[134]。霍敬裕和唐海燕结合我国各地方正在进行的食品安全责任保险行政指导试点工作，探讨该保险领域中行政指导的特点、方式及具体实施步骤[135]。娄永飞分析了尚处于起步阶段的食品安全责任保险发展滞后的原因[136]。第三类则是研究食品安全责任保险背景下，相关责任主体的博弈行为。王康等通过建立保险公司与食品企业之间的声誉博弈等模型，分析食品安全责任保险运行过程中保险公司与食品企业之间的博弈关系，认为声誉缺失未能引起食品企业足够的重视且对维持声誉动力不足，进而导致食品的生产不能达到安全标准[137]。季欣和石岿然基于完全信息静态博弈理论，构建关于企业和保险公司的博弈模型，得出我国食品保险推进过程中实现企业投保和保险公司承保有效合作的条件[138]。

国外食品安全责任保险由产品责任险涵盖，属于产品责任险的特殊险种，因此单独讨论食品安全责任保险的文献少之又少。就产品责任险而言，在Feess和Nell对双方独立安全控制问题的探讨中，保险合约有助于解决双方道德风险问题[44]；Baumann等在对产品责任份额的建模研究中，第一方保险和第三方保险（责任保险）被作为风险规避的消费者和企业的选项[139]。此类研究中，保险并非研究主题，仅作为企业或消费者在市场中规避风险的选择纳入模型中。综上所述，有关食品安全责任保险与安全控制之间关系的研究有待揭示，这无论是对后续理论探讨，还是当前的食责险试点推行都具有重要价值。

一、机构市场食责险与安全控制模型分析

(一) 模型假设

假设某一机构市场，机构A中有N名消费者，机构A是N名消费者的代表，聚合了其需求，议价能力得以提升；机构A选择食品供应商B并与之签订合约，食品供应商为机构中的消费者生产并提供食品；合约明确或隐含地给出某一固定的单位产品价格，表示为$\bar{p}$。

假设食品出现问题的概率，即发生食品安全事故的概率为$P_B(\beta)$。其中，$\beta \in [0,1]$为食品供应商B的安全控制水平。$\beta = 0$表示食品供应商B不采取任何食品安全措施，有$P_B(0) = 1$；$\beta = 1$表示食品供应商B能够提供绝对安全食品的理想状况，有$P_B(1) = 0$。$P_B(\beta)$满足$P_B'(\beta) < 0$和$P_B''(\beta) \geqslant 0$，这意味着采取安全控制的边际收益为正，但边际收益是递减的。食品供应商B在安全控制水平β下的成本为$c(\beta)$，满足$c'(\beta) > 0$，$c''(\beta) \geqslant 0$，这意味着任何控制水平的边际成本为正，且边际成本递增。

假设问题食品导致的安全事故对机构中的所有消费者造成了损害，该损害以经济损失h表示。在目前各国普遍施行的严格责任法下，消费者的经

济损失h应由食品供应商B负责赔偿。假设食品供应商B是风险厌恶者,面对承担的损失赔偿,选择向保险公司投保食品安全责任保险,即第三者责任险,食品供应商投保后的期望成本为$kP(\beta)h$,其中,$k \geqslant 1$为考虑了纯粹保费与附加保费的毛费率,$k = 1$意味着保险公司承保该损失时仅收取纯保费。

以下分两种情形来讨论食责险与安全控制间的关系。其一为安全控制水平是可观察、可验证的公开信息,即安全控制水平对于保险公司而言是公开信息;其二为安全控制水平是不可验证的私人信息,也就是在保险公司和食品供应商之间存在信息不对称现象,保险公司无法确认食品供应商采取了什么样的安全控制水平。

(二)安全控制水平可验证的情形

由于食品安全事故发生后的损失赔偿完全由食品供应商B承担,且有关安全控制水平的信息是完全信息,那么食品供应商B最大化利润函数

$$\max_{\beta} \pi = (\bar{p} - c(\beta))Q(N) - kP(\beta)h \tag{6.1}$$

其中,$Q(N)$为机构A中N名消费者特定时期内的总需求,在价格给定的情况下,该需求仅与机构中消费者数量有关。

食品供应商B的利润最大化等同于成本最小化,由一阶必要条件得到

$$c'(\beta)Q(N) + kP'(\beta)h = 0 \tag{6.2}$$

由上式可以得出食品供应商B最优的安全控制水平β^*,进一步得出

$$\frac{\mathrm{d}\beta^*}{\mathrm{d}k} = \frac{-P'(\beta^*)h}{c''(\beta^*)Q(N) + kP''(\beta^*)h} > 0 \tag{6.3}$$

结论1:食责险费率具有正向激励作用,随着毛费率的增加,食品供应商的安全控制水平增加。

结论1是一个有趣的结论,表明在完全信息下,食品安全责任保险的激励作用毋庸置疑。其内在逻辑是清晰的,费率水平k的增加,导致保费$kP(\beta)h$增加。为了降低较高的保费,食品供应商提高安全控制水平β。β的增加带来两个结果:一是保费$kP(\beta)h$下降;二是生产成本$c(\beta)Q(N)$上升。企业在两者间做出权衡。当下降的基于安全控制水平的边际保

费$kP'(\beta)h$与上升的基于安全控制水平的边际成本$c'(\beta)Q(N)$再次相等时，得出最优的安全控制水平增加量。

(三) 安全控制水平不可验证的情形

如果食品供应商的安全控制水平是私人信息，保险公司不能验证其安全控制水平，那么在食品供应商与保险公司间存在着信息不对称，产生道德风险问题。食品供应商可报告较高的安全控制水平$\overline{\beta}$，以降低保费成本，同时采取较低的安全控制水平$\underline{\beta}$，以降低安全控制成本。食品供应商的利润函数为

$$\max_{\underline{\beta}, \overline{\beta}} \pi = (\bar{p} - c(\underline{\beta}))Q(N) - kP(\overline{\beta})h \tag{6.4}$$

利润最大化一阶条件为$\overline{\beta}^* = 1$和$\underline{\beta}^* = 0$。

结论2： 如果保险公司不能观察或验证食品供应商的安全控制水平，那么食品供应商倾向于夸大实际采取的安全控制水平。

结论2是典型的信息不对称情况下的道德风险问题。由于道德风险问题的存在，保险公司基于食责险的偿付能力不足，稳健经营受到影响，不得不调高保费水平，直至保费达到kh的水平。面对高保费，食品供应商毫无动力提高食品安全控制水平。同时，在结论1中，毛费率k的增加不再具有正向激励作用，而只会降低企业的投保积极性。解决当前食责险推行过程中"叫好不叫座"的现象，一方面，需要"猛药去疴，重典治乱"，完善民事赔偿法律体系，提高企业承担的民事赔偿责任，发挥惩戒作用；另一方面，也需要完善被寄予厚望的食责险的风险定价机制，规避或弱化道德风险问题，发挥激励作用。

二、食责险激励机制设计

通过以上的分析可知，欲发挥食责险的激励作用，就必须解决保险公司与食品供应商之间的信息不对称问题。以下三方面的措施有助于解决保险公司与食品供应商之间的信息不对称问题。

（1）检查认证

规避或弱化此类道德风险问题，最直接的方式是变不可观察或不可验证的信息为可观察、可验证的信息。一方面，保险公司通过检查获知食品供应商的安全控制水平，主要包括事前进行风险评估，事中进行风险检查，

通常是不定期对投保单位食品安全事件防范工作进行检查。检查虽然具有一定成本，但是可以将保险费率与食品供应商的安全控制水平关联起来，可以对投保单位提高安全控制水平提供良好激励，而且，保险公司还可以根据检查结果，为投保单位提供个性化风险预防建议和事故应急教育培训，从而充分发挥保险公司的风险管理职能。随着信息技术的发展，保险公司和监管机构可以应用"智慧监管"，借助视频监控建立实时、动态、可追溯的监管与检查体系，实现现场检查与远程视频相结合的监管检查模式。另一方面，食品供应商通过提供获得的资格认证，以信息传递的方式主动披露自身的安全控制水平，如山东省推行的食责险规定"参保企业通过良好生产规范或者危害分析与关键控制点体系认证的，保险费率在基准费率的基础上降低5%"。

（2）风险分担

促使食品供应商有动力采取更好的食品安全控制水平，风险分担也是一种有效的方式。让食品供应商承担一部分损失的不完全保险是传统的激励方式。食责险保单普遍运用责任限额、免赔额等手段实现风险分担，促使食品企业加强质量管理，提高食品安全控制水平。

（3）浮动费率

由前述讨论可知，发挥食责险的激励作用，必须满足两点：一是保费 $kP(\beta)h$ 必须与企业的安全控制水平 β 正相关；二是保费 $kP(\overline{\beta})h$ 厘定所依赖的安全控制水平 $\overline{\beta}$ 必须与企业实际采取的安全控制水平 $\underline{\beta}$ 相等或基本相等。满足这两点的费率应当是浮动费率。国务院食品安全办公室、国家食品药品监管总局与中国保监会发布的《关于开展食品安全责任保险试点工作的指导意见》，明确指出"建立费率浮动机制，将企业的安全管理评级、信用记录、行业风险差异、历史损失情况等纳入费率调整因子，充分发挥保险费率的杠杆调节作用，减少食品安全事故发生。"我国多地推行的食责险，费率大多介于销售额的1‰至3‰之间，并根据企业风险管控状况进行浮动，对管理规范、制度严密、措施得力的企业给予费率优惠，反之提高费率，以激励食品企业提高安全生产水平。

措施（1）主要是从食责险承保流程的角度，以直接改变信息不对称现象的方式，规避或弱化道德风险问题；而措施（2）和（3）主要是可从食责险保费精算的角度进行激励设计，促进企业提高安全控制水平。

食品安全责任保险是我国食品安全治理体系中的重要一环，对于破解当前的食品安全困境，重塑健康的食品消费环境，发挥着重要作用。食责险既实现了对受害者的有效补偿，又转嫁了食品企业的责任风险。然而，责任风险的转移减弱了侵权法的惩罚与抑制违法功能，容易诱发食品安全领域的道德危险。食责险是否具有正向激励作用，道德风险问题是如何产生的，应当如何设计食品安全责任保险，才能有利于发挥食责险的激励作用。本节在机构市场的背景下对这些问题给出了回答。食品安全责任保险不仅具有补偿保障、风险转移的功能，也具有促进安全控制水平提高的激励作用，应当坚定不移地推进食责险试点工作；在信息不对称情况下，确实容易发生道德风险问题，然而却不能因噎而废食，畏难而退缩；食品安全责任保险的激励机制设计可以通过检查认证、风险分担和浮动费率等措施来实现。

第三节　双方道德风险与食品安全责任保险

正如第一节的分析，双方道德风险问题也会产生于食品供应链中。食品质量的保证，食品安全的保障，离不开食品供应链各个环节、各个主体的共同协作努力。然而，由于在食品供应链中存在信息不对称现象，以及双方信息不对称现象，任一方为食品安全付出的投入与努力往往不可观测，不可验证，而监督成本又非常高，因此，每一方都有弱化在食品安全方面的投入的动机，出现机会主义行为，以降低成本，增加收益。同时，食品安全问题发生与否存在一定不确定性，食品安全控制水平高虽然降低了食品安全问题发生的概率，但是不一定不发生食品安全问题；食品安全控制水平低虽然增加了食品安全问题发生的概率，但是不一定发生食品安全问题。于是食品供应链上的企业也会存在投机心理和冒险行为，弱化在食品安全方面的投入与努力，进一步加剧了道德风险问题，若每一方都是如此，便出现了所谓的双方道德风险问题。以下结合食品安全责任保险这一机制探讨食品供应链中的双方道德风险问题，分析主要参考了Feess和Nell的模型[44]。

一、模型建立

假设食品供应链中有两个风险中性的企业A和B。以i表示两家企业中的任一家，$i = A, B$。当i代表两家企业中的某一家时，以$-i$表示两家企业中的另一家，即当$i = A$时，$-i = B$；当$i = B$时，$-i = A$。双方在食品安全方面付出的努力水平表示为连续变量a_i，$a_i \in S_i$，其中，S_i为企业i的可行行动集。企业各自的努力水平a_i分别决定了食品安全事故发生的概率$P_h^i(a_i)$，食品安全事故h发生后带来的损失为x_h。如果食品的生产或供应仅由一家企业单独实现，那么事故损失x_h发生的概率就是$P_h^i(a_i)$，称$P_h^i(a_i)$为有关某类事故h的损失风险。进一步假设$\mathrm{d}P_h^i(a_i)/\mathrm{d}a_i < 0$，$\mathrm{d}^2 P_h^i(a_i)/\mathrm{d}(a_i)^2 > 0$，并且$P_h^i(a_i) > 0$。假设食品的生产与供应是由两家企业共同完成的，因此，事故h发生的概率为

$$P_h(\boldsymbol{a}) = \prod_i P_h^i(a_i) \tag{6.5}$$

其中，$\boldsymbol{a}$表示向量(a_A, a_B)。

为简化分析，假设由安全努力a_i导致的成本$c_i = a_i$。因而，在双方采取各自努力水平a_i下的社会成本为

$$SC = \sum_h P_h(\boldsymbol{a}) x_h + \sum_i a_i \tag{6.6}$$

从社会整体角度出发，最有效的努力水平表示为a_i^f，并由下式给出

$$\sum_h \frac{\mathrm{d}P_h^i(a_i, a_{-i}^f)}{\mathrm{d}a_i} x_h = -1 \tag{6.7}$$

定义α_h^i为事故h发生后i的责任份额，若不考虑惩罚性损失，有

$$\sum_i \alpha_h^i = 1, \forall h \tag{6.8}$$

并且企业i的成本函数由下式给出

$$C_i = \sum_h \alpha_h^i P_h(\boldsymbol{a}) x_h + a_i \tag{6.9}$$

企业最小化其成本函数式(6.9)，可以得出一阶条件

$$\sum_h \frac{\alpha_h^i \mathrm{d}P_h(a_i, a_{-i}^f)}{\mathrm{d}a_i} x_h = -1 \quad \forall i \tag{6.10}$$

比较企业角度的最优努力水平式(6.10)和社会角度的最优努力水平式(6.7)，可以发现，企业角度的努力水平低于社会角度的努力水平，也就是说，如果每家企业食品安全事故的责任份额小于1，任何一家企业的努力水平将低于从社会整体角度而言的努力水平，这是食品安全责任领域的双方道德风险问题。

二、模型讨论

解决或降低双方道德风险问题有多种方法。如果在食品安全领域引入食品安全责任保险，那么能否借助食品安全责任保险这一制度安排抑制食品安全领域的双方道德风险问题呢？回答是肯定的。可以借助食品安全责任保险这一制度，通过适当的契约安排实现社会角度最优的努力水平，从而规避双方道德风险问题。

我们假设有一方企业投保了食品安全责任保险，如企业A，而整个问题的时序结构如下：

（1）给定在食品安全事故发生后双方的责任份额为$\alpha_h^i, \forall h, i = A, B$；

（2）企业A向企业B提出一份包含固定支付R和变动支付z_h的合约，$z_h = r_h \cdot x_h$, $0 \leqslant r_h \leqslant 1$。$z_h$依赖于企业B检测到了未被企业A检测到的损害h。也就是当企业B检测到了未被企业A检测到的损害h，从而避免了食品安全事故时，企业A向企业B支付z_h的数额；

（3）企业A向保险公司投保食品安全责任保险，保费为π，针对事故h的免赔额为d_h，假设保险市场为完全竞争的；

（4）企业B和保险公司选择接受或拒绝合约；

（5）企业A和企业B分别选择不可观察的食品安全努力水平$a_i, i = A, B$；

（6）如果针对特定事故h的食品安全努力失败，发生了食品安全事故，那么执行企业A和企业B间的支付合约和企业A与保险公司间的保险合同。

那么，有如下结论：

结论： 假若给定任意食品安全责任份额 α_h^A, α_h^B，且 $0 \leqslant \alpha_h^A \leqslant 1, \forall h$，那么企业 A 可以向企业 B 提出合约，合约的固定支付为 $R = a_B + \sum_h P_h(\boldsymbol{a}^f)x_h - \sum_h P_h^A(a_A^f)\alpha_h^A x_h$，合约的变动支付为 $z_h = \alpha_h^A x_h, \forall h$；企业 A 与保险公司签订保险合同，保费为

$$\pi = \sum_h P_h(\boldsymbol{a}^f)(\alpha_h^A x_h - \frac{P_h^B(a_B^f)x_h(1+\alpha_h^A) - \alpha_h^A x_h}{P_h^B(a_B^f)})$$

免赔额为

$$d_h = \frac{P_h^B(a_B^f)x_h(1+\alpha_h^A) - \alpha_h^A x_h}{P_h^B(a_B^f)}, \forall h$$

企业 B 和保险公司接受合约；企业 A 和企业 B 将采取社会角度的最优食品安全努力水平。

给定 $0 \leqslant \alpha_h^A \leqslant 1$ 和 z_h，企业 A 和企业 B 的期望成本函数分别为

$$C_A^V = \sum_h P_h(\boldsymbol{a})d_h + \sum_h P_h^A(a_A)[1 - P_h^B(a_B)]z_h + a_A \tag{6.11}$$

$$C_B^V = \sum_h P_h(\boldsymbol{a})(1-\alpha_h^A)x_h - \sum_h P_h^A(a_A)[1 - P_h^B(a_B)]z_h + a_B$$
$$= \sum_h P_h(\boldsymbol{a})x_h - \sum_h P_h(\boldsymbol{a})\alpha_h^A x_h - \sum_h P_h^A(a_A)z_h + \sum_h P_h(\boldsymbol{a})z_h + a_B \tag{6.12}$$

假设企业 B 接受企业 A 提出的合约，若 a_A^f 是有效的子博弈精炼纳什均衡，那么企业 B 将选择努力水平 a_B^f，当且仅当 $z_h = \alpha_h^A x_h, \forall h$。其原因在于 $-\sum_h p_h^A(a_A)z_h$ 完全独立于企业 B 的努力水平，而且，在这一假设成立的情况下，$-\sum_h P_h(\boldsymbol{a})\alpha_h^A x_h + \sum_h P_h(\boldsymbol{a})z_h = 0$。$z_h = \alpha_h^A x_h, \forall h$ 意味着企业 B 收到的支付必须等于未由企业 B 支付的事故损失。

替换企业 A 的成本函数中的 z_h，得到

$$C_A^V = \sum_h P_h(\boldsymbol{a})d_h + \sum_h P_h^A(a_A)[1 - P_h^B(a_B)]\alpha_h^A x_h + a_A$$
$$= \sum_h P_h(\boldsymbol{a})d_h + \sum_h P_h^A(a_A)\alpha_h^A x_h - \sum_h P_h(\boldsymbol{a})\alpha_h^A x_h + a_A \tag{6.13}$$

只要受企业A的行为影响的变动部分等于 $\sum_h P_h(\boldsymbol{a})x_h$，$a_A^f$ 就是企业A的最优选择，因此，有

$$\sum_h P_h(\boldsymbol{a})d_h = \sum_h P_h(\boldsymbol{a})x_h - \sum_h P_h^A(a_A)\alpha_h^A x_h + \sum_h P_h(\boldsymbol{a})\alpha_h^A x_h \quad (6.14)$$

如果企业B的纳什均衡是选择 a_B^f，那么，求解免赔额可得出

$$d_h = \frac{P_h^B(a_B^f)x_h(1 + \alpha_h^A) - \alpha_h^A x_h}{P_h^B(a_B^f)} \quad (6.15)$$

固定支付R和保费来自于企业B和保险公司的参与约束；而保险公司的利润为

$$R = x - \sum_h P_h(\boldsymbol{a}^f)(\alpha_h^A - d_h) = 0 \quad (6.16)$$

因此，从该结论可以看出，从社会整体角度出发得出的有效努力水平，在存在食品安全责任保险的合约中也可以得出。

假若企业A对整个食品安全事故负全责，即 $\alpha_h^A = 1$，由式(6.12)可知，

$$C_B^V = - \sum_h P_h^A(a_A)z_h + \sum_h P_h(\boldsymbol{a})z_h + a_B \quad (6.17)$$

不难得知，企业B虽然不对食品安全事故负责，但是可以通过采取适当的食品安全控制水平以最小化其成本，也就是获得尽可能多的来自企业A的转移支付。因此，如果企业A采取社会角度的最优努力水平 a_A^f，企业B最小化式(6.17)的结果，也必然是采取社会角度最优的努力水平 a_B^f。

企业A对整个食品安全事故负全责，一旦事故发生，企业A将付出极高的代价，这迫使企业A采取足够高的努力水平，然而这一激励作用会受到保险公司的平衡，保险公司支付事故发生后扣除免赔额的部分损失。企业A负责的免赔额为

$$d_h = \frac{2x_h P_B^h(a_B^f) - x_h}{P_B^h(a_B^f)} \quad \forall h \quad (6.18)$$

虽然仅由一方对食品安全事故负责有些特殊，但是这种特殊情形具有许多优点，比如在现实中非常容易实施，而且责任的划分非常清晰。

食品安全涉及生产、加工、流通、消费等众多环节，风险因素复杂，食品安全责任风险是食品安全所引发的衍生风险。食品安全问题会对公众

的健康造成危害。我国为保护公众的利益不受侵害，规定了如果食品存在缺陷，造成了食品的消费者、使用者或其他第三者的人身伤害或财产损失，依法应由生产者或销售者分别获共同赔偿的一种法律责任。但是食品生产环节众多，引发食品安全的问题因素并不能完全确定，这就使食品产业链相关者必须承担食品安全责任风险。

然而，当多个食品产业链相关者的行为都对食品安全产生影响时，往往发生双方甚至多方道德风险问题。以上模型分析表明，借助于食品安全责任保险，进行适当的制度安排，是可以规避这类双方或多方道德风险问题的。食品安全责任保险不仅具有保障功能，同样具有激励作用。

第七章 结束语

　　中国在2010年超过日本成为世界第二大经济体，2017年中国GDP已经是日本GDP的三倍之多，而与美国的差距进一步缩小[1]，成为世界经济增长的主要动力源和稳定器。我国工业长期保持较快增长，制造业的世界份额持续扩大，2000年我国制造业占全球的比重为6.0%，位居世界第四；2007年达到13.2%，居世界第二；2010年占比进一步提高到19.8%，跃居世界第一；自此连续稳居世界第一，2017年我国国内生产总值占世界的比重达15%。我国制造业大国的称呼当之无愧。然而，虽然我国在制造业规模上已经处于领先地位，但是在质量效益方面，我国制造业拥有的知名品牌较少，劳动生产率低，销售利润率也较低；在可持续发展方面，我国的研发创新能力近年有很大提高，但与美、日、德等国仍有较大差距。因此，必须"推进中国制造向中国创造转变，中国速度向中国质量转变，制造大国向制造强国转变"[140]。实现这一转变，既需要深化供给侧结构性改革，更需要激发各类市场主体活力。正如经济学家Jean-Jacques Laffont所言：如何设计制度(机制)给经济主体提供正当的激励已成为当代经济学的一个核心问题[122]。本书讨论的主题——双方道德风险，即属于激励理论的范畴。

　　激励理论的一个重要研究出发点是建立在委托代理理论上。研究发现，不对称信息构成了委托人实施帕累托(Pareto)最优资源配置的主要障碍。当代理人拥有私人信息，委托人无法观察到代理人的行为时，道德风险问题便出现了；而当委托人同样具有私人信息时，信息不对称是相互的，委托人也有机会主义行为倾向，于是双方道德风险问题便出现了。双方道德风

---

　　[1]2010年GDP总量，美国为14.96万亿美元，中国为6.1万亿美元，日本为5.7万亿美元，中国约为美国的41%，超过日本4 044 亿美元；2017年GDP总量，美国为19.55万亿美元，中国为13.17万亿美元，日本为4.34 万亿美元，中国为美国的67%，为日本的3 倍。

险问题的本质是什么，其产生需要哪些条件，如何建立其分析框架，而在双方不同协作方式下，在双方风险规避时，双方道德风险具有什么样的特点与规律，如何应用双方道德风险理论模型分析具体问题(如特许经营、食品安全等)，对这些问题的解答构成了本书的主要内容。

本书通过分析指出，双方道德风险是双方采取的追求自身效用最大化的机会主义行为，具有囚徒困境的博弈本质；追求自身效用最大化的"经济人"是双方道德风险发生的根本原因，而双方目标不一致导致的利益冲突、双方信息不对称及行为的不可验证性是双方道德风险发生的重要前提条件。

本书研究了线性生产函数与Cobb-Douglas生产函数两种不同的协作方式下的双方道德风险问题，揭示了在使用线性激励契约机制时双方所呈现出的行为特点、所达成的最优契约以及所获得的效用水平，并与完全信息、单方不对称信息的情形进行了对比分析。另外，本书亦讨论了双方面临不确定性时的道德风险问题，以及双方风险态度皆为风险规避时的双方道德风险问题，分析了双方均衡行为规律、最优契约特点及双方效用水平，揭示了不确定性与风险规避给道德风险所施加的影响。

在应用部分，本书指出特许经营领域双方道德风险问题的特殊性，通过实证分析验证了该领域的道德风险问题的特点与理论分析结果的一致性；而在食品安全领域，道德风险问题更为普遍，本书结合目前正在推行的食品安全责任保险展开讨论，分析指出，食品安全责任保险在解决机构市场的食品安全道德风险问题时，既要发挥其保障功能，更要发挥其激励作用。同时从理论上证明食品安全责任保险可以解决食品供应链中的双方道德风险问题，为实践中推行食品安全责任保险提供了理论支持。

参考文献

[1] 约翰·伊特维尔,默里·米尔盖特,彼得·纽曼.新帕尔格雷夫经济学大辞典(第3卷)[M]3版.陈岱孙,译. 北京:经济科学出版社,1996:588.

[2] 国际货币基金组织.银行稳健经营与宏观经济政策[M].北京:中国金融出版社,1997:60.

[3] DOWD K. Moral hazard and the financial crisis[J]. Cato Journal, 2009, 29(1):141-166.

[4] GIBBONS R, MURPHY K J. Optimal Incentive Contacts in the Presence of Career Concerns:Theory and Evidence[J].The Journal of Political Economy,1992,100(3):468-505.

[5] 青木昌彦,钱颖一.转轨经济中的公司治理结构[M].北京:中国经济出版社, 1995:36.

[6] 林红.上市公司内部人控制问题的成因及其治理——基于"国美控制权之争"的案例分析[J].福建行政学院学报,2014(5):84-90.

[7] 杨梅.中国服务外包转型发展路径更明晰[N].国际商报,2018-03-07(3).

[8] KELLEY S W, DONNELLY J H Jr., SKINNER S J. Customer Participation in Service Production and Delivery[J].Journal of Retailing, 1990, 66(3):315 - 335.

[9] HSIEH A T,YEN C H. The Effect of Customer Participation on Service Providers' Job Stress[J].The Service Industries Journal, 2005,25(7):891-905.

[10] 陈春华.特许经营中逆向选择与道德风险问题研究[D].成都:西南财经大学,2013:10.

[11] ARROW K J. Classificatory notes on the production and transmission of technological knowledge[J]. American Economic Review, 1969, 59(2):29-35.

[12] CHOI J P. Technology transfer with moral hazard[J]. International Journal of Industrial Organization, 2001, 19(1/2):249-266.

[13] MENDI P. The structure of payments in technology transfer contracts: evidence from spain[J]. Journal of Economics and Management Strategy, 2005, 14(2):403-429.

[14] REID J D. Sharecropping as an understandable market response: the post-bellum south[J]. Journal of Economic History, 1973,33(1): 106 – 130.

[15] REID J D. The theory of share tenancy revisited-again[J].Journal of Political Economy,1977,85(2):403-407.

[16] ESWARAN M, KOTWAL A. A theory of contractual structure in agriculture[J]. American Economic Review, 1985, 75(3):352 – 367.

[17] AGRAWAL P. Contractual structure in agriculture[J]. Journal of Economic Behavior & Organization, 1999, 39(3):293 – 325.

[18] AGRAWAL P. Double moral hazard, monitoring, and the nature of contracts[J]. Journal of Economics, 2002, 75(1):33 – 61.

[19] CHANG J J, LAI C C, LIN C C. Profit sharing, worker effort, and double-sided moral hazard in an efficiency wage model[J]. Journal of Comparative Economics, 2003, 31(1):75 – 93.

[20] CORBETT C J, DECROIX G A, HAA Y. Optimal shared-savings contracts in supply chains: Linear contracts and double moral hazard[J]. European Journal of Operational Research, 2005,163(3): 653-667.

[21] RUBIN H. The theory of the firm and the structure of the franchise contract[J].Journal of Law and Economics,1978,21(1):223-233.

[22] LAL R. Improving channel coordination through franchising[J]. Marketing Science,1990,9(4):299-318.

[23] BRICKLEY J A, DARK F H. The choice of organizational form: the case of franchising[J]. Journal of Financial Economics,1987,18(2): 401-420.

[24] NORTON S W. An empirical look at franchising as an organizational form[J]. Journal of Business,1988,61(2):197-217.

[25] LAFONTAINE F. Agency theory and franchising: some empirical results[J]. RAND Journal of Economics, 1992,23(2):263-283.

[26] SEN K C. The use of initial fees and royalties in business-format franchising[J]. Managerial and Decision Economics,1993,14(2):175-190.

[27] SCOTT F A. Franchising vs. company ownership as a decision variable of the firm[J]. Review of Industrial Organization,1995,10(1):69-81.

[28] BRICKLEY J. Royalty rates and upfront fees in share contracts: evidence from franchising[J]. Journal of Law, Economics, and Organization, 2002,18(2):511-535.

[29] BHATTACHARYYA S, LAFONTAINE F. Double-sided moral hazard and the nature of share contracts[J]. RAND Journal of Economics, 1995,26(4):761-781.

[30] SEMENENKO I, YOO J. Aggregation of Performance Measures in Franchising: Double Moral Hazard[J].Journal of Theoretical Accounting Research,2016,11(2):94-105.

[31] COOPER R, ROSS T W. Product warranties and double moral hazard[J]. Rand Journal of Economics, 1985,16(1):103-113.

[32] EMONS W. Warranties, moral hazard and the lemons problem[J]. Journal of Economic Theory, 1988,46(1):16-33.

[33] EMONS W. On the limitation of warranty duration[J]. Journal of Industrial Economics, 1989,37(3):287-301.

[34] DYBVIG P H, LUTZ N A. Warranties, durability, and maintenance: two-sided moral hazard in a continuous-time model[J]. The Review of Economic Studies, 1993, 60(3):575-597.

[35] COOPER R, ROSS T W. An inter-temporal model of warranties[J]. Canadian Journal of Economics, 1988,21(1):72-86.

[36] OLMOS M F. Quality and Double Sided Moral Hazard in Share Contracts[J]. Agricultural Economics Review,2011,12(1):22-35.

[37] MANN D P, WISSINK J P. Money-back contracts with double moral hazard[J]. Rand Journal of Economics, 1988, 19(2):285-292.

[38] SCHERTLER A. The impact of public subsidies on venture capital investments in start-up enterprises[C]. Vienna: The Eighth Annual Meeting of the German Finance Association, October 5-6, 2001.

[39] HOUBEN E. Venture capital, double-sided adverse selection, and double-sided moral hazard[EB/OL].[2018-12-07]. SSRN:https://ssrn.com/abstract=365841 or http://dx.doi.org/10.2139/ssrn.365841.

[40] SCHMIDT K M. Convertible securities and venture capital finance[J]. Journal of Finance, 2003,58(3):1139-1166.

[41] REPULLO R, SUAREZ J. Venture capital finance: a security design approach[J]. Review of Finance, 2004, 8(1):75-108.

[42] FU H, YANG J, AN Y B. Contracts for venture capital financing with double-sided moral hazard[J].Small Business Economics,2018, https://doi.org/10.1007/s11187-018-0028-2.

[43] AGGARWAL R, LICHTENBERG E. Environmental regulation in vertically coordinated industries[EB/OL]. [2018-12-07]. http://www.econweb.ucsd.edu/ carsonvs/papers/274.pdf.

[44] FEESS E, NELL M. Independent safety controls with moral hazard[J]. Journal of Institutional and Theoretical Economics, 2002,158(3):408-419.

[45] JELOVAC I, MACHO-STADLER I. Comparing organizational structures in health services[J]. Journal of Economic Behavior and Organization, 2002,49(4):501-522.

[46] ZHAO R R. Repeated two-sided moral hazard[EB/OL]. [2018-12-07]. Working paper: http://www.albany.edu/economics/research /workingp/2001/moral_hazard_zhao.pdf.

[47] ERIKSSON P E, LIND H. Moral hazard and construction procurement: A conceptual framework[J]. Journal of Self-Governance and Management Economics, 2016,4(1):7-33.

[48] GIRAUDET L G, HOUDE S, MAHER J. Moral Hazard and the Energy Efficiency Gap: Theory and Evidence[J]. Journal of the Association of Environmental and Resource Economists, 2018,5(4):755-790.

[49] CARMICHAEL H L. The agent - agents problem: payment by relative output[J] Journal of Labor Economics, 1983, 1(1):50 - 65.

[50] DEMSKI J, SAPPINGTON D. Resolving double moral hazard problems with buyout agreements[J]. RAND Journal of Economics, 1991,22(2):232-240.

[51] AL-NAJJAR N I. Incentive contracts in two-sided moral hazards with multiple agents[J]. Journal of Economic Theory, 1997,74(1):174 – 195.

[52] TSOULOUHAS T. Do tournaments solve the two-sided moral hazard problem?[J]. Journal of Economic Behavior & Organization, 1999,40(3):275 – 294.

[53] 曹艳秋.财政补贴农业保险的双重道德风险和激励机制设计[J].社会科学辑刊,2011(3):107-110.

[54] 赵曼,柯国年.医疗保险费用约束机制与医患双方道德风险规避[J].中南财经大学学报,1997(1):113-118.

[55] 赵曼.社会医疗保险费用约束机制与道德风险规避[J].财贸经济, 2003(2):54-57.

[56] 杨青,李珏.风险投资中的双重道德风险与最优合约安排分析[J].系统工程, 2004,22(11):71-73.

[57] 马雷.经销关系中双边道德风险的一种契约解决机制[J].价值工程, 2004(3):49-52.

[58] 赵向明,孔德明.批发定价与合作广告中的双边道德风险[J].科技管理研究, 2004(2):152-155,164.

[59] 李元华.风险投资中"双重道德风险"及其控制[J].特区经济, 2015(1):94-96.

[60] 蔡永清,曹国华,陈艳丽.双边道德风险下创业投资双方投入及激励契约[J].工业工程,2011,14(3):87-91.

[61] 赵振武,唐万生.风险资本家与企业家间双重道德风险的研究[J].哈尔滨工业大学学报(社会科学版),2005,7(3):49-53.

[62] 葛敏.可转换证券降低风险投资中双重道德风险的作用[J].经营与管理,2010(12):7-9.

[63] 罗慧英.风险投资的控制权分配与双边道德风险激励[J].华东经济管理,2009,23(12):93-95.

[64] 吴斌,徐小新,何建敏.双边道德风险与风险投资企业可转换债券设计[J].管理科学学报,2012,15(1):11-21.

[65] 严太华,黄成节.基于双重道德风险下风险投资组合中最优项目数量确定的研究[J].济南金融,2007(3):60-62.

[66] 张矢的,魏东旭.风险投资中双重道德风险的多阶段博弈分析[J].南开经济研究,2008(6):142-150.

[67] 唐伟.创业企业中的双边道德风险与最优融资合约[J].中央财经大学学报, 2005(4):39-43.

[68] 苏云,曾勇,郭文新.双边道德风险下的可转换证券融资[C]//中国运筹学会企业运筹学分会会议论文集. 成都:电子科技大学出版社,2007:123-127.

[69] 郭文新,苏云,曾勇.风险规避、双边道德风险与风险投资的融资结构[C]//中国管理现代化研究会会议论文集.北京:中国现代化管理研究会,2008:4946-4962.

[70] 郭文新,曾勇.双边道德风险与风险投资的资本结构[J].管理科学学报,2009,12(3):119-131.

[71] 郭文新,苏云,曾勇.风险规避、双边道德风险与风险投资的融资结构[J].系统工程理论与实践,2010,30(3):408-418.

[72] 柯健.风险投资中的信息不对称与双边道德风险[J].延安大学学报(社会科学版),2009,31(4):42-48.

[73] 南旭光,周志高.基于控制权分配的创业投资双边道德风险激励[J].重庆广播电视大学学报,2009,21(1):26-28,37.

[74] 刘新民,温新刚,丁黎黎.风险投资中的双边道德风险规避研究[J].科技管理研究,2010(5):212-215.

[75] 殷林森.考虑私人收益的创业投资双边道德风险研究[J].软科学,2010,24(3):127-131.

[76] 殷林森.双边道德风险、股权契约安排与相机谈判契约[J].管理评论,2010,22(8):10-18,29.

[77] 相璟瑞,罗东坤.双边道德风险、创新选择与创业企业价值[J].未来与发展, 2013(7):67-71.

[78] 陈逢文,程凌峰,张宗益.基于双边道德风险的科技创业企业信号监控机制研究[J].中国科技论坛,2012(12):50-55,68.

[79] 殷林森,胡文伟.创业投资双边道德风险研究述评[J].经济学动态,2008(1):128-132.

[80] 谢贻美,谭建国,陈磊.创业投资中双边道德风险及博弈分析的研究综述[J].经济研究导刊,2012(2):14-20.

[81] 李丽君,黄小原,庄新田.双边道德风险条件下供应链的质量控制策略[J].管理科学学报,2005,8(1):42-47.

[82] 申强,侯云先,杨为民.双边道德风险下供应链质量协调契约研究[J].中国管理科学,2014,22(3):90-94.

[83] 严建援,甄杰,张甄妮.双边道德风险下SaaS供应链质量担保契约设计[J].软科学,2015,29(7):118-124.

[84] 张波,黄培清.双重道德风险下帕累托有效的供应链合约[J].上海交通大学学报,2007,41(12):2001-2005.

[85] 代建生,孟卫东,马国旺.双边道德风险下收益共享契约的博弈决策分析[J].系统工程,2013,31(10):98-104.

[86] 高阔,甘筱青.双重道德风险下具有时间偏好的"公司+农户"价格设计与契约稳定性研究[J].湖北农业科学,2013(6):1487-1489.

[87] 宋寒,但斌,张旭梅.服务外包中双边道德风险的关系契约激励机制[J].系统工程理论与实践,2010,30(1):1944-1953.

[88] 代建生,孟卫东,魏立伟.具有双边道德风险的服务外包线性分成契约[J].系统管理学报,2014,23(3):403-409,415.

[89] 但斌,宋寒,张旭梅.合作创新下考虑双边道德风险的研发外包合同[J].研究与发展管理,2010,22(2):89-95.

[90] 张旭梅,沈娜利,邓流生.供应链环境下考虑双边道德风险的客户知识协同获取契约设计[J].预测,2011,30(4):20-24.

[91] 王辉,侯文华.双边道德风险下业务流程模块化度对业务流程外包激励契约的影响研究[J].管理学报,2013,10(2):244-251.

[92] 皮星.基于双边道德风险、溢出效应的供应链纵向合作创新机制设计[D].重庆:重庆大学,2010.

[93] 游静.基于双边道德风险的多主体信息系统集成报酬机制设计[J].管理工程学报,2010,24(2):84-88.

[94] 黄波,孟卫东,皮星.基于双边道德风险的研发外包激励机制设计[J].管理工程学报,2011,25(2):178-185.

[95] 李慧芬,杨德礼,祈瑞华.双边道德风险情况下考虑客户知识依赖的服务合作生产契约[J].科技与管理,2011,13(6):51-55.

[96] 孟卫东,代建生.合作研发中的双边道德风险和利益分配[J].系统工程学报,2013,28(4):464-471.

[97] 张子健,刘伟.供应链合作产品开发中的双边道德风险与报酬契约设计[J].科研管理,2008,29(5):102-110.

[98] 胡新平,王义国.基于双边道德风险的逆向供应链回收激励契约[J].工业工程,2012,15(3):24-28,51.

[99] 徐红,施国洪,贡文伟.供应链环境下双边道德风险的激励机制研究[J].企业经济,2012(6):76-79.

[100] 黄志烨,李桂君,汪涛.双边道德风险下中小节能服务企业与银行关系契约模型[J].中国管理科学,2016,24(8):10-17.

[101] 罗军.双重道德风险问题及其契约机制研究[D].重庆:重庆大学,2005.

[102] 孙树垒,王海燕.风险规避下双方道德风险均衡行为与最优契约[J].统计与信息论坛,2009,24(11):44-48.

[103] 孙树垒,孟秀丽.线性生产双方道德风险组织激励配置效率分析[J].青岛理工大学学报,2010,31(2):112-117.

[104] 孙树垒,孟秀丽,王海燕.协作型双方道德风险组织激励配置效率分析[J].预测,2010,29(4):64-68.

[105] 孙树垒. 博弈结构、生产方式与双方道德风险组织激励[J]. 武汉理工大学学报(信管版), 2012,34(1):98-102.

[106] 张红波,王国顺.基于解聘补偿的双边道德风险缓解机制[J].系统工程,2006,24(1):90-93.

[107] 刘新民,温新刚,吴士健.基于过度自信的双边道德风险规避问题[J].上海交通大学学报,2010,44(3):374-377.

[108] 温新刚,刘新民,丁黎黎,等.动态多任务双边道德风险契约研究[J].运筹与管理,2012,21(3):212-219.

[109] 史青春,王平心.双边道德风险条件下的收益激励与信息租金——基于有信息委托人的视角[J].华东经济管理,2011,25(1):113-117.

[110] 陈艳莹,周娟.双重道德风险下的房地产中介佣金制度研究[J].大连理工大学学报(社会科学版),2010,31(1):16-20.

[111] 叶森发,王佳洛,柯荣洲.基于双重道德风险的二手房市场研究[J].当代经济,2018(10):146-148.

[112] 孙树垒.我国特许经营双方道德风险：现状、理论及实证分析[J].产业经济研究,2008(2):42-50.

[113] 亚当·斯密.道德情操论[M].蒋自强,等,译.北京:商务印书馆,1997:101-102.

[114] 亨利·勒帕日.美国新自由主义经济学[M].李燕生,王文融,译.北京:北京大学出版社,1984:24.

[115] 梁洪学."经济人"假定理论的演进与发展——兼评"经济人"假定的客观性[J].江汉论坛,2003,(7):41-45.

[116] A.哈耶克.个人主义与经济秩序[M].邓正来,译.北京:北京经济学院出版社,1989:13.

[117] VARIAN R H. Microeconomic Analysis[M]. 3th ed. New York: W.W Norton & Company, 2000:18-21.

[118] 张维迎.博弈论与信息经济学[M].上海:上海三联书店,1996:431-440.

[119] 刘怀德.不确定性经济学研究[M].上海:上海财经大学出版社,2001:1-10.

[120] 王益谊,席酉民,毕鹏程.管理中的不确定性及其系统分析框架[J].管理评论,2003,15(12):45-51.

[121] 安佳.风险、不确定性与利润以及企业组织——奈特理论介评[J].管理评论,2006,24(102):15-22.

[122] LAFFONT J J. MARTIMONT D.激励理论(第一卷)——委托代理模型[M]. 陈志俊,李艳,单萍萍,译. 北京:中国人民大学出版社,2002:110-188.

[123] RASMUSEN E. Games and Information[M]. 2th ed. Oxford: Blackwell Publishers,1994:166-168.

[124] 孙树垒,韩伯棠.双方不确定性下的道德风险问题研究[J].商业研究,2007(12):34-36.

[125] 中国连锁经营协会.2005中国连锁经营年鉴[M].北京:中国商业出版社,2005:3-9.

[126] 黄成明.中国特许经营现状的实证分析[J].经济与管理研究, 2005(1):73-76.

[127] 中国连锁经营协会.中国特许体系名录:2004[M].北京:中国商业出版社,2004:1-119.

[128] 中国连锁经营协会.中国特许体系名录:2005[M].北京:中国商业出版社,2005:1-250.

[129] 邹艳洁.关于食品安全问题中道德风险的分析[J].现代医药卫生,2006,22(16):2569-2570.

[130] 肖峰.我国食品安全制度与责任保险制度的冲突及协调[J].法学,2017(8):123-131.

[131] 郭金良. 我国食品安全责任强制保险制度的法律构建[J].创新,2017(3):102-113.

[132] 何锦强,孙武军. 我国食品安全责任强制保险制度之构建——以强制自治为视角[J].保险研究,2016(3):64-72.

[133] 胡洁冰. 食品安全责任保险强制化推广路径选择[J].统计与决策,2017(5):78-80.

[134] 高凯. 浙江省实施食品安全责任保险试点的调查研究[J].保险职业学院学报,2017,31(6):74-78.

[135] 霍敬裕,唐海燕. 食品安全责任保险中的行政指导研究[J].食品科学,2016,37(15):278-282.

[136] 娄永飞. 食品安全责任保险发展问题及对策研究——基于新修订《食品安全法》视角[J].上海保险,2015(9):31-35,41.

[137] 王康,孙健,周欣. 不完全信息动态博弈视角下的食品安全责任保险问题研究——基于参与主体之间的KMRW 声誉博弈[J]. 江西财经大学学报,2017(2):70-76.

[138] 季欣,石岿然.基于完全信息博弈分析的食品安全责任保险问题研究[J]. 食品工业,2016(3):235-238.

[139] BAUMANN F, FRIEHE T, RASCH A. Why product liability may lower product safety[J].Economics Letters, 2016,147:55-58.

[140] 新华网.习近平在中央经济工作会议上发表重要讲话[EB/OL]. (2017-12-20)[2018-09-04].http://www.xinhuanet.com/photo/2017-12/20/c_1122142455.htm.

后　记

走上学术研究的道路可谓断断续续磕磕绊绊，大学毕业后先是参加工作而后读研，继而再工作，后又读博，最后才安定下来从事着教学与科研的工作。最早接触和思考道德风险是在读硕士期间，我的导师——上海理工大学的严广乐教授给我们开设了博弈论的课程，虽说自己努力不够，但是有幸被导师领进了这一学科的大门，硕士论文便尝试着用博弈论中委托代理理论的方法分析问题。在读博期间，在北京理工大学韩伯棠教授的指导与呵护下，延续着这一方向，开始对双方信息不对称的问题进行思考与探讨，博士论文选题即为"双方信息不对称下的企业与客户关系研究"。自此，十多年来陆续取得了一些成果。在研究过程中，虽说有关双方道德风险的学术论文日渐增多，但尚未见到有关双方道德风险的相关书籍，遂萌生了撰写一本双方道德风险理论与应用著作的想法，希望通过总结此前的探索心得，推动学者专家对这一问题更多的关注与探讨，同时为管理者的组织激励实践提供一些参考。

本书撰写过程充分尊重学术同仁的智力成果，尽可能地对所引用内容逐一标注出处；本书研究内容存在的不足与纰漏，还望各位专家、学术同仁和读者批评指正；本书的写作排版使用了LaTeX，力图为读者呈现较好的排版质量。

本书即将出版之际，我要感谢我博士阶段的导师北京理工大学的韩伯棠教授和硕士阶段的导师上海理工大学的严广乐教授，他们教给了我许多管理研究的知识与方法，也给予我无私的呵护与关爱，同时，他们严谨认真的学术态度永远是我学习的榜样。

本书中的数值仿真及实证分析得到了我的同事周林泉老师和杨大明老

师的大力协助，在此一并表示感谢!

　　这本书也成为我家庭生活的一部分。写作过程恰好是大女儿雨格中考期间，随着她进入南京市第十三中学，我们全家由此开始了陪读生活；小女儿语汐两周岁了，虽然语言与认知能力明显滞后于同龄的小朋友，依然为她这段时间来的成长与点滴进步而高兴；这一时期，家庭杂务更多地交给了妻子周晓丽承担。此书献给你们。

　　本书研究得到了教育部人文社科基金"我国食品安全风险管理与保险保障机制研究(14YJA630052)"的资助，在此表示感谢。

著　者

2018年9月于西家大塘